高职高专计算机类专业系列教材

U0169767

三维建模
（微课版）

主　编　张志强

西安电子科技大学出版社

内 容 简 介

Cinema 4D(C4D)是视频设计师的必备工具。本书全面阐述了 C4D 的各种建模方法,并用案例介绍了产品建模技术。通过本书可以让读者全方位了解 C4D。

本书共 10 章,内容包括进入 C4D 的世界、初识 C4D、C4D 基本操作、C4D 工程文件管理、C4D 参数化对象、NURBS 建模、造型工具组、变形工具组、对象和样条的编辑操作以及产品建模。本书对操作过程讲解详细,实例丰富。

本书适合高职高专院校计算机类、艺术类和工业设计类专业的学生使用,也可以作为从事三维建模、游戏开发、VR/AR 设计等工作的人员以及广大 C4D 爱好者的参考书。

图书在版编目(CIP)数据

三维建模 / 张志强主编. --西安:西安电子科技大学出版社,2023.8
ISBN 978-7-5606-6980-9

Ⅰ. ①三… Ⅱ. ①张… Ⅲ. ①三维动画软件 Ⅳ. ①TP391.414

中国国家版本馆 CIP 数据核字(2023)第 142086 号

策　　划　明政珠
责任编辑　明政珠　孟秋黎
出版发行　西安电子科技大学出版社(西安市太白南路 2 号)
电　　话　(029)88202421　88201467　　邮　　编　710071
网　　址　www.xduph.com　　　　　　电子邮箱　xdupfxb001@163.com
经　　销　新华书店
印刷单位　咸阳华盛印务有限责任公司
版　　次　2023 年 9 月第 1 版　　　2023 年 9 月第 1 次印刷
开　　本　787 毫米×1092 毫米　　1/16　印　张　16.5
字　　数　389 千字
印　　数　1～1000 册
定　　价　47.00 元
ISBN 978-7-5606-6980-9 / TP

XDUP　7282001-1

***　如有印装问题可调换　***

前　言

C4D(Cinema 4D)字面意思是 4D 电影，不过其本身是一款 3D 软件，是由德国 Maxon Computer 公司开发的。C4D 以极高的运算速度和功能强大的渲染插件著称，很多模块的功能在同类软件中居于领先水平。C4D 应用广泛，在广告、电影、工业设计等方面都有出色的表现。

本书主要介绍 C4D 基础知识及其操作方法，内容充分体现了知识、能力、素质并重的人才培养模式的新要求。通过学习本书，读者可以掌握核心、实用的三维建模技术，而且也可以直接学习和了解相关行业制作三维模型的经验。

本书以实例为中心，围绕实例展开技术讲解，将实例设计思路、实现过程完整地展现给读者。本书的内容安排由浅入深、循序渐进，从最基本的三维建模方式出发，逐步加入复杂的建模技巧，每个实例都有针对其精髓和要点的讲解，可帮助读者在回顾已学知识点的同时加深对综合技术的把握，从而能在掌握实例核心内容的同时，很快将技术应用于实际制作中。本书中的实例形式多样，除了简单实例还设置了综合实例，这些实例均按"相关知识介绍→实现流程与制作标准→详细操作步骤"的模式来安排，这种模式体现了以读者为中心的教学思想。

本书以大量效果图、结构图的形式取代繁杂的文字来展现内容，再以精妙的文字点明主旨，充分考虑到高职学生喜欢看图操作的心理规律。

本书提供了配套资源，读者可登录在线开放学习课程网站 https://zjy2.icve.com.cn/expert Center/process/edit.html?courseOpenId=gruaav6r8yflmvolcfxna&tokenId=clzsayarmjtpntmo dxmlvg)进行学习。网站中包含案例和练习的微课视频、PPT、任务素材和工程包等。此外，网站还配了知识拓展、专家讲座、在线答疑等知识模块，以进一步提升读者的专业技能、知识面以及个性化技能。本书配套的 PPT 以及素材也可登录西安电子科技大学出版社官网 (www.xduph.com)下载。

由于编者水平有限，书中难免还有疏漏之处，欢迎读者批评指正。

编　者
2023 年 4 月

目　录

第 1 章　进入 C4D 的世界

本章主要详述 C4D 的基本概念，C4D 的主要功能、特色、发展趋势以及应用范围。通过本章的学习，可对 C4D 有基本的了解，为后续学习奠定知识背景基础。

C4D 软件是综合型的高级三维绘图软件。其渲染器和粒子系统功能强大，有很强的表现力，渲染器可在不影响速度的前提下使影像作品的图像品质有很大的提高。

与其他 3D 软件(如 Maya、Softimage XSI、3ds Max 等)一样，C4D 也具备高端 3D 动画软件的所有功能，不同的是，在研发过程中，C4D 更加注重工作流程的流畅性、舒适性、合理性、易用性和高效性。它在电影拍摄、游戏开发、医学成像、工业设计、建筑设计、视频设计或印刷设计等应用领域能提供更多的帮助，使工作更加高效。

1.1　C4D 功能介绍

1. 模型

C4D 可以创建各种形式的模型。图 1-1 所示为由 C4D 创建的模型效果。

图 1-1　C4D 模型效果图

C4D 提供了参数化的基本几何形体，这些基本的几何形体可通过参数调节将其转换为多边形，并进一步创建出更复杂的对象。C4D 中大量的变形工具和其他的生成器都可以与模型对象联合使用。

C4D 中可以使用样条曲线来调整挤压、放样和扫描等操作，而所有的这些操作都有独特的参数可以调节，有的甚至可以自动生成动画。

C4D 的一个特色就是它有许多 UV 编辑方法，这些方法可以把模型和贴图整合在一起。在 3D 设计中，UV 坐标对于完成满意的高质量的纹理贴图是至关重要的。通过 UV 工具，不管是低分辨率的游戏模型还是高分辨率的背景绘制，都可以进行调整。

2. 常用的材质使用介绍

不管创建对象的原材料是人工的还是天然的，C4D 的材质选择系统都能使用户自由地控制所创建的 3D 物体的表面属性，如图 1-2 所示。

图 1-2　C4D 系统材质

创建材质最基本的途径是通过控制颜色通道来进行贴图指定或者颜色调节。另外，C4D 支持大部分常用的图片格式，包括支持分层的 PSD 文件，这大大方便了贴图操作。

通过调整多个材质通道，C4D 使得模拟玻璃质感、木材或者金属材质等更加容易，使用滤光器和图层还可以很容易地使图片呈现出多层叠加后的效果。

3. 动画设计

C4D 也可以用于设计动画。C4D 创作的动画效果如图 1-3 所示。

图 1-3　C4D 动画效果

1) 关键帧动画

关键帧动画调节是任何三维软件都必备的动画控制手段，C4D 可以通过关键帧的方法让场景中的任何对象运动起来。

2) 时间线控制器

C4D 可以通过时间线控制器窗口调整关键帧的时间，除此之外，C4D 还可以对多个属性进行整体的层管理。掌握了时间线控制器窗口，就可以很容易地对某一特定物体或特定场景的所有关键帧进行控制，而且用户还可以使用区域工具移动或缩放动画，如图 1-4 所示。

图 1-4　时间线控制器

3) 函数曲线

使用函数曲线，可以调整关键帧的插值或者查看动画。通过使用函数曲线还可以立即对大量曲线进行编辑，而且还可以利用快照功能来查看动画调整以前所保存下来的曲线，如图 1-5 所示。

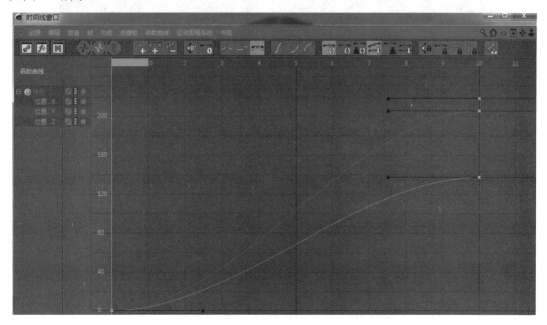

图 1-5　函数曲线

4) 非线性动画

应用 C4D 的非线性动画功能，可创建复杂的具有上百种关键帧的分散动作。在场景中创建了角色的，可以在非线性编辑器中看到角色和轨道，并可以在一个或多个轨道上用一个或多个片段动画角色。一个轨道上还可以有多个按序排好的片段。如果一个角色有多个轨道，则 C4D 会使用轨道上的所有片段，重叠的片段有相加的效果。

5) 支持音频

当需要将图片和音乐同步结合时,可以插入声音,直接观察时间线控制器上的声音波形,实现更理想的状态,即当手动控制时间线控制器时,可以边调节参数边试听音频。常用的最基本的同步化方法就是将音频与特定对象结合起来。

6) 粒子系统工具

C4D 的粒子系统很容易操作使用。任何物体都可以当成粒子系统中的替代物来使用,比如几何体或者灯光都可以被应用,如图 1-6 所示。

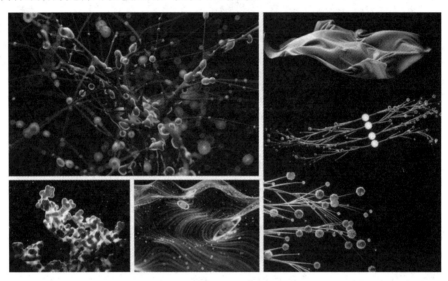

图 1-6　粒子系统工具应用

4. 格式

(1) 文件格式。

C4D 支持多种符合行业标准的文件格式。C4D 输入输出文件的格式有图像序列、AVI或者 QuickTime 电影格式。

(2) 3D 格式。

3D 格式包括 3D Studio.3ds(读或者写)、Biovision.bvh(读)、Collada.dae(读或者写)、DEM(读)、DXF(读或者写)、DWG(读)、Direct3D.x(写)、FBX(读或者写)、LightWave 3D.lws.lwo(读)、STL(读或者写)、VRML2.wrl(读或者写)、Wavefront.obj(读或者写)等。

(3) 合成格式(仅读)。

合成格式包括 After Effects(3D)、Final Cut(2D,仅 Mac)、Combustion(3D)、Shake(2D)、Motion(3D,仅 Mac)、Fusion(2D,仅 Windows)等。

(4) 2D 图形和动画格式(读/写)。

2D 图形和动画格式包括 TIFF、Body Paint 3D、Photoshop PSD、Targa TGA、HDRI、DPX、Open EXR、BMP、PICT、IFF、JPEG、RLA、RPF、PNG、QuickTime、AVI 等。

(5) 2D 矢量格式。

2D 矢量格式包含 Illustrator 8(读或者写)、EPS(Illustrator 8)(读)等。

使用 C4D 合成的效果如图 1-7 所示。

图 1-7　C4D 合成效果图

5. 基本的渲染功能设定

1) 光照系统

多种类型的光影计算为独特而强大的光照系统提供了基础。通过这些计算，用户不仅可以控制颜色、亮度、衰减和其他特性，而且还可以调整每种光影的颜色和深浅；也可以使用任何光照的 Lumen 和 Candela 亮度值而不是采用抽象的百分比值。C4D 提供多种灯光模式，可以根据场景的需要来创建灯光，也可以根据特殊要求来控制灯光。使用光照系统的效果图如图 1-8 所示。

图 1-8　使用光照系统的效果图

2) 环境吸收

使用环境吸收功能，很快就能渲染出角落里的真实阴影或者邻近物体之间的真实阴影，如图 1-9 所示。

图 1-9　使用环境吸收的效果图

3) 渲染

C4D 分层渲染功能方便且灵活，通过简单的设置就可以得到颜色、纹理、高光、反射等渲染文件。C4D 可以轻松地把准备好的文件输出到 Adobe Photoshop、Adobe After Effects、Final Cut Pro、Combustion、Shake、Fusion 和 Motion 里边。C4D 还支持在 16 位和 32 位彩色通道中对 DPX、HDRI 或者 OpenEXR 等格式的高清图片的渲染。

1.2　C4D 的特色和发展趋势

1. C4D 的特色

1) 易懂易学的操作界面

C4D 的用户界面图标直观。在 C4D 中，几乎每个菜单项和命令都有对应的图标，从而可以很直观地了解到该命令的作用。

2) 快速的渲染能力

目前 C4D 拥有业界最快的算图引擎，特别是 C4D 的环境吸收效果，在 C4D 内部完成的效果十分理想。

3) 方便的手绘功能

C4D 提供了 Body paint 3D 模块，除了可直接绘制草图，甚至还可在产品外观直接彩绘，可以从实现 2D 操作模式轻松地转到 3D 的效果。

C4D 提供了业界相对最好的绘制三维贴图工具之一的 Body paint，其类似于三维版本的 Photoshop。

4) 与 AE 完美衔接

C4D 可以将物体或者灯光的三维信息输出给 After Effects(AE)，在后期再进行特殊加工。与 After Effects 的完美衔接，让 C4D 成为制作电视栏目包装和后期特效工作者的首选。可以说 C4D 是一款很适合视频动画设计师的软件。

C4D 自带多语言支持功能的，可以在多种语言中任意切换，包括中文版。

2. C4D 的发展趋势

C4D 以其简单容易上手的操作流程，方便的文件编制功能，强大的渲染功能，以及与后期软件的无缝结合的优势而受到设计人员的欢迎。

分层渲染之后的图像在 Photoshop 中进行编辑可以达到令人满意的效果。C4D 的多通道渲染功能在日常项目中发挥着重要的作用，因为它可以允许用户在 Photoshop 或者 After Effects 中进行选择性地修改，使得设计过程变得更加容易。

C4D 可以简单便捷地对复杂元素进行编辑和整理。

1.3　C4D 的应用范围

1. 影视特效制作

运用 C4D 与 Body paint 3D 软件制作的电影《黄金罗盘》，荣获"第八十届奥斯卡金像奖最佳视觉效果奖"。电影《黄金罗盘》里的武装熊、盔甲、动作特效及一些特殊场景，都是由 C4D 与 Body paint 3D 绘图软件制作的，其强大的动画制作与材质功能展现出栩栩如生的视觉效果，如图 1-10 所示。

图 1-10　电影《黄金罗盘》

2. 影视后期、电视栏目包装和视频设计

C4D 软件应用在数字电视内容创作流程中，成为人们制作动态图像重要的解决方案，以最低成本达到最高效益。C4D 在全球被很多广播产业公司公认为是最佳应用于 3D 图像的软件，包括 The Weather Channel、MTV、CMT、FOX、TNT、TBS、ABC.HBO、ESPN、USA Network、BBC 等。

3. 建筑设计

当前，建筑设计许多领域的诸多环节需要用计算机软件来进行辅助设计，在建筑设计的表达与绘制等方面有着突出贡献，其辅助作用还可有效地帮助建筑设计领域形成空间感。C4D 在建筑设计中的应用效果如图 1-11 所示。

图 1-11　C4D 在建筑设计中的应用效果

4. 视觉设计

视觉设计主要通过品牌标识、标准颜色和应用进行视觉传达，代表一个公司或企业的整体形象。对品牌标识进行设计时，需要制作一张反映日常环境的效果图，可通过 C4D 建模实现。同时，C4D 在工业产品设计中的应用也是十分广泛的，现在越来越多的手机、智能家具等产品都是用 C4D 做的广告。C4D 在视觉设计方面的应用效果如图 1-12 所示。

图 1-12　C4D 在视觉设计方面的应用效果

5. 电子商务

电子商务产业发展越来越快，相应的平台也在不断建立。现在电子商务企业很多，如何吸引消费者呢？除了经营、产品等因素外，视觉也是吸引消费者购买的重要因素之一。C4D 在电子商务中的应用效果如图 1-13 所示。

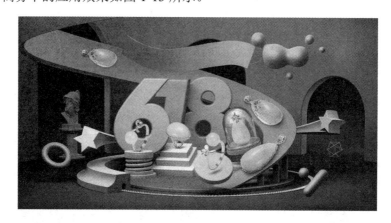

图 1-13　C4D 在电子商务中的应用效果

课后练习

1. 简要说明当今有哪些流行的三维制作软件。
2. 结合你所在的专业领域，举例说明 C4D 能为你提供哪些帮助。

第 2 章　　初识 C4D

本章主要详述 C4D 的界面以及 C4D 的基本工具。通过本章的学习，可以对 C4D 的界面和工具有基本的了解，为后续技术的学习奠定基础。

2.1　C4D 界面

C4D 的初始界面由菜单栏、工具栏、编辑模式工具栏、视图窗口、动画编辑窗口、材质窗口、坐标窗口、对象/内容浏览器/构造窗口、属性/层面板和提示栏 10 个区域组成，如图 2-1 所示。

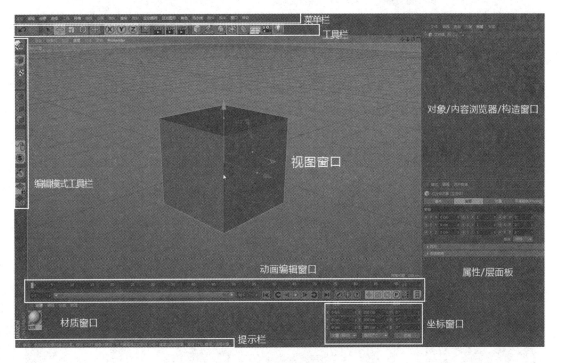

图 2-1　C4D 的初始界面

2.2 C4D 工具

1. 菜单栏

C4D 的菜单栏与其他软件相比有些不同，按照类型可以分为主菜单、窗口菜单、子菜单、隐藏菜单、菜单右端的快捷按钮。其中：主菜单位于标题栏下方，绝大部分工具都可以在其中找到；窗口菜单是视图菜单和各区域窗口菜单的统称，分别用于管理各自所属的窗口和区域；子菜单是指在主菜单下面的一组相关功能命令的菜单，用于进一步组织和分类命令，以便用户更容易找到和使用它们；隐藏菜单是指不在主菜单或工具栏上显示的一组命令或选项，这些命令或选项可以通过按键盘上的特定键或组合键来访问；菜单右端的快捷按钮是指在菜单栏的右侧提供快速访问的一些常用功能的按钮。下面重点介绍后三种类型。

1) 子菜单

在 C4D 的菜单中，如果工具后带有 ▶ 按钮，则表示该工具拥有子菜单，如图 2-2 所示。

2) 隐藏菜单

如果 C4D 界面显示范围较小，不足以显示界面中的所有菜单，那么系统就会把余下的菜单隐藏在 ▶ 按钮下，单击该按钮即可展开菜单，如图 2-3 所示。

3) 菜单右端的快捷按钮

(1) 主菜单右端的 界面 启动 可控制界面窗口布局，如图 2-4 所示。

界面中"启动"项为默认的窗口布局，包括动画布局、三维绘图布局、UV 坐标编辑布局和标准布局等多种布局方式。单击 按钮可最大化所选窗口。

图 2-2 C4D 的子菜单   图 2-3 C4D 的隐藏菜单   图 2-4 C4D 的启动菜单

(2) 视图菜单右端的 ![] 为视图操作快捷按钮，其中，![] 表示平移视图，![] 表示缩放视图，![] 表示旋转视图，![] 表示切换视图。

(3) 对象窗口右端的 ![] 快捷按钮分别介绍如下：![] 表示搜索对象；![] 表示查找对象；单击 ![] 按钮使其变为 ![] 按钮，可将场景中所有对象分类罗列；![] 表示为当前窗口单独创建新窗口。

(4) 属性窗口右端的 ![] 快捷按钮分别介绍如下：![] 表示按照点击顺序切换上一个或下一个对象或者工具的属性按钮；![] 表示切换到对象或工具的属性；选择一个对象或者工具的属性单击 ![] 按钮，显示为 ![] 时，可锁定当前对象或者工具的属性；选择同一个类型对象或者工具的属性单击 ![] 按钮，显示为 ![] 时，再选择其他类型的属性时就不能被显示，比如当前选择对象的属性则只能再选中对象的属性，如果选中工具的属性就不能被显示，如使用 ![] 切换，即可在不同类型的属性中进行切换。

2. 工具栏

C4D 的工具栏位于菜单栏下方，其中包含部分常用工具，使用这些工具可创建和编辑模型对象，如图 2-5 所示。

图 2-5　C4D 的工具栏

工具栏中的工具可分为独立工具和图标工具组。图标工具组按类型将功能相似的工具集合在一个图标下，长按图标按钮即可显示工具组。图标工具组的显著特征为图标右下角带有小三角 ![]。

· ![] 为"完全撤销"和"完全重做"按钮，可撤销上一步操作和返回撤销的上一步操作，是常用工具之一。其快捷键分别是 Ctrl + Z 和 Ctrl + Y，也可执行主菜单→编辑→撤销 / 重做来实现"完全撤销"和"完全重做"。

· ![] 为选择工具组，其下拉按钮中的 ![] 是"实时选择"工具，长按图标可显示其他选择方式，也可执行主菜单→选择来实现该操作，如图 2-6 所示。

图 2-6　C4D 的选择工具栏

· ![] 为视图操作工具，其中，![] 为移动工具；![] 为缩放工具；![] 为旋转工具。也可以通过执行主菜单→工具来进行操作。

· ![] 为实时切换工具，详细介绍见 3.2 节。

• XYZL 为坐标类工具，其中：XYZ 为锁定/解锁 X、Y、Z 轴的工具，默认为激活状态，如果单击关闭某个轴向的按钮，那么对该轴向的操作无效(只针对在视图窗口的空白区域进行拖曳)；为全局/对象坐标系统工具，单击可切换全局坐标系统L和对象坐标系统。

• 为渲染类工具，其中：为渲染当前活动视图，单击该按钮将对场景进行整体预览渲染；为渲染活动场景到图片查看器，长按图标将显示渲染工具菜单；为编辑渲染设置，用于打开"渲染设置"窗口进行渲染参数的设置，如图 2-7 所示。

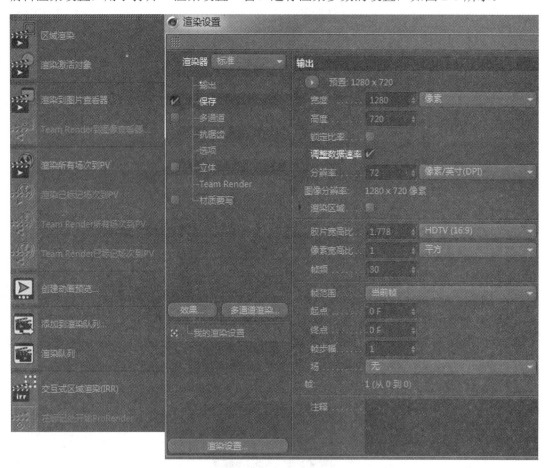

图 2-7　C4D 的渲染工具栏

3. 编辑模式工具栏

C4D 的编辑模式工具栏位于界面的最左端，可以在这里切换不同的编辑工具，该工具栏将在第 3 章 3.1 节中详细介绍。

4. 视图窗口

在 C4D 的视图窗口中，默认的是透视视图，按鼠标中键可切换不同的视图布局，如图 2-8 所示。

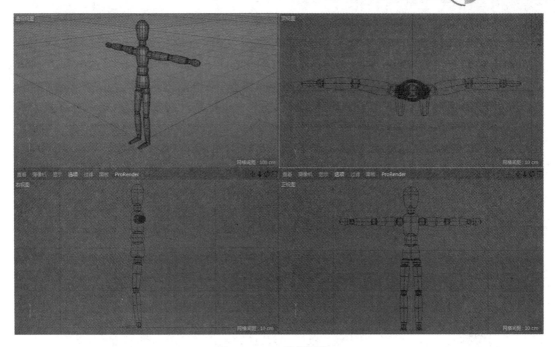

图 2-8　C4D 的视图窗口

5. 动画编辑窗口

C4D 的动画编辑窗口位于视图窗口下方，其中包含时间线和动画编辑工具，如图 2-9 所示。

图 2-9　C4D 的动画编辑窗口

6. 材质窗口

C4D 的材质窗口位于动画编辑窗口下方，用于创建、编辑和管理材质，如图 2-10 所示。

7. 坐标窗口

C4D 的坐标窗口位于材质窗口右方，是该软件独具特色的窗口之一，用于控制和编辑所选对象层级的常用参数，如图 2-11 所示。

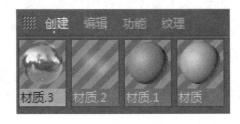

图 2-10　C4D 的材质窗口　　　　　　　图 2-11　C4D 的坐标窗口

8. 对象/内容浏览器/构造窗口

C4D 的对象/内容浏览器/构造窗口位于界面右上方，对象窗口用于显示和编辑管理场景中的所有对象及其标签,内容浏览器窗口用于管理和浏览各类文件,构造窗口用于显示某个对象的构造参数。

1) 对象窗口

对象窗口用于管理场景中的对象,这些对象呈树形层级结构显示,即所谓的父子级关系。如果要编辑某个对象,可在场景中直接选择该对象,也可在对象窗口中进行选择(建议使用此方式进行选择操作),选中的对象名称呈高亮显示。如果选择的对象是子级对象,那么其父级对象的名称也将高亮显示,但颜色会稍暗一些,对象窗口可以分为四个区域,分别是菜单区、对象列表区、隐藏/显示区和标签区,如图2-12所示。

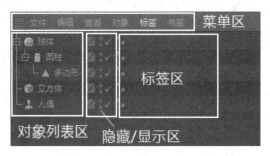

图2-12　C4D的对象窗口

2) 内容浏览器窗口

内容浏览器窗口可以帮助用户管理场景、图像、材质、程序着色器和预制档案等,也可添加和编辑各类文件,在预置中可以加载有关模型、材质等的文件。这些模型和材质文件直接拖曳到场景当中使用即可,如图2-13所示。

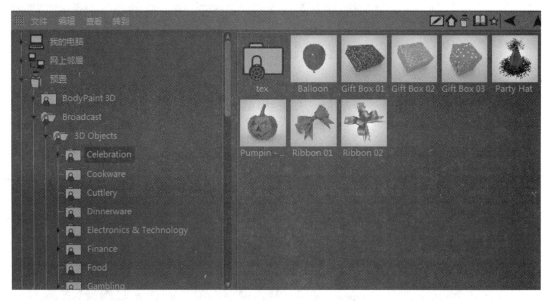

图2-13　C4D的内容浏览器窗口

3) 构造窗口

构造窗口用于显示对象由点构造而成的参数,可以进行编辑,如图2-14所示。

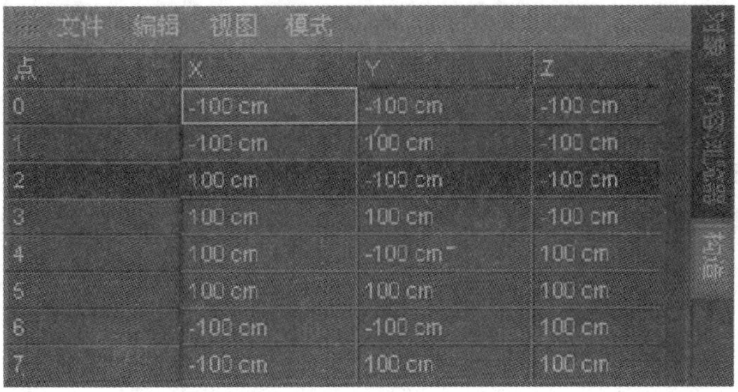

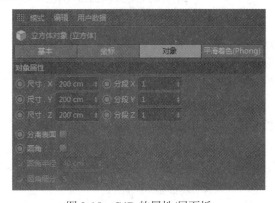

图 2-14 C4D 构造窗口

9. 属性/层面板

C4D 的属性/层面板位于界面右下方。属性面板是非常重要的窗口之一，它包含了所选对象的所有属性参数，这些参数都可以在这里进行编辑；层面板用于管理场景中的多个对象。C4D 的属性/层面板界面如图 2-15 所示。

图 2-15 C4D 的属性/层面板

10. 提示栏

C4D 的提示栏位于界面最下方，用来显示光标所在区域、工具提示信息，以及显示错误警告信息，如图 2-16 所示。

移动：点击并拖动鼠标移动元素。按住 SHIFT 键量化移动；节点编辑模式时按住 SHIFT 键增加选择对象；按住 CTRL 键减少选择对象。

图 2-16 C4D 的提示栏

课后练习

1. 下载 C4D 的最新版本并安装软件。
2. 按照本章介绍，对C4D界面及工具都展开来了解。

第3章　　C4D 基本操作

本章主要讲解 C4D 编辑模式工具栏、工具栏中对物体操作的相关工具、选择菜单的选项、视图控制及视图菜单栏。通过本章的学习，可以充分了解 C4D 界面的基本操作。

3.1　编辑模式工具栏

物体的编辑主要通过编辑模式工具栏中的工具进行操作，如图 3-1 所示。

C4D 编辑模块工具栏部分工具说明如下：

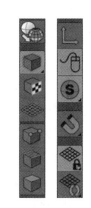

图 3-1　C4D 编辑模式工具栏

· ![图标]：转换参数化对象为多边形对象(C4D 模型对象在默认状态下都是参数对象，当需要对模型的点、线、面进行编辑时，必须将其转换为多边形对象)。

· ![图标]：使用模型模式(只能对模型进行等比缩放)。

· ![图标]：使用纹理轴模式(须使用纹理贴图)。

· ![图标]：使用点模式，对可编辑对象上的点元素进行编辑，被选择的点呈高亮显示。

· ![图标]：使用边模式，对可编辑对象上的边元素进行编辑，被选择的边呈高亮显示。

· ![图标]：使用多边形模式，对编辑对象上的面元素进行编辑，被选择的面呈高亮显示。

3.2　工　具　栏

物体操作主要通过工具栏中的工具进行操作，如第 2 章的图 2-5 所示。

1. 选择工具

1) 实时选择 ![图标]

当场景中的对象转换为多边形对象后，激活此工具选择相应的元素(点、线、面)，进入属性面板可对工具进行设置，如图 3-2 所示。

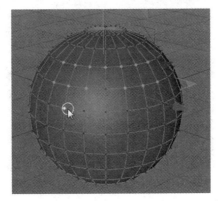

图 3-2　实时选择工具的应用

• 半径：设置选择范围。

• 仅选择可见元素：勾选该项后，只选择视图中能看见的元素；取消勾选，可选择视图中的所有元素。

2) 框选

当场景中的对象转换为多边形对象后，激活此工具并拖曳出一个矩形框，对相应的元素(点、线、面)进行框选，进入属性面板可对该工具进行设置，如图 3-3 所示。

• 容差选择：取消勾选时，只有完全处于矩形框内的元素才能被选中；勾选该项后，和矩形框相交的元素都会被选中。

3) 套索选择

当场景中的对象转换为多边形对象后，激活此工具绘制一个不规则的区域，对相应的元素(点、线、面)进行选择，进入属性面板可对该工具进行设置，如图 3-4 所示。

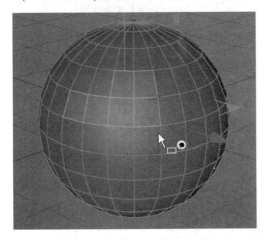

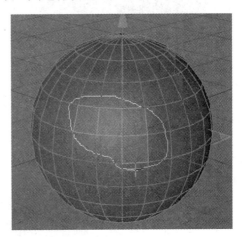

图 3-3　框选工具的应用　　　　　图 3-4　套索选择工具的应用

4) 多边形选择

当场景中的对象转换为多边形对象后，激活此工具绘制一个多边形，对相应的元素(点、线、面)进行选择，进入属性面板可对该工具进行设置，如图 3-5 所示。

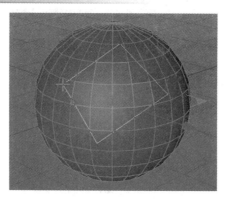

图 3-5　多边形选择工具的应用

2. 移动工具

移动工具┼，激活该工具后，视图中被选中的模型上将会出现三维坐标轴。如果在视图的空白处单击鼠标左键并进行拖曳，可以将模型移动到三维空间的任意位置，如图 3-6 所示。

3. 缩放工具

缩放工具，激活该工具后，单击任意轴向上的小黄点进行拖动可以使模型沿着该轴进行缩放；在视图空白区域按住鼠标左键不放并进行拖曳，则可对模型进行等比缩放，如图 3-7 所示。

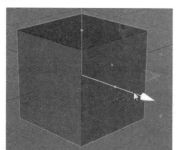

图 3-6　移动工具的应用

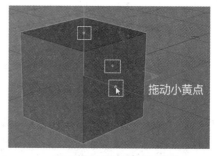

图 3-7　缩放工具的应用

4. 旋转工具

旋转工具，用于控制模型的选择。激活以后，会在模型上出现一个球形的旋转控制器，选择控制器上的三个圆环分别控制模型的 X、Y、Z 轴(这里在对物体进行旋转时，同时按住 Shift 键，可以每次以 5°进行旋转)，如图 3-8 所示。

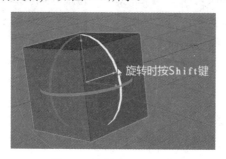

图 3-8　旋转工具的应用

5. 实时切换工具

实时切换工具 ，显示当前所选工具，长按图标可显示使用过的工具。按键盘上的空格键可在当前使用的工具和选择工具之间进行切换。

6. 锁定/解锁 X、Y、Z 轴工具

锁定/解锁 X、Y、Z 轴工具 ，这三个工具默认为激活状态，用于控制轴向的锁定。例如，对模型进行移动时，如果只想移动 Y 轴，那么需要关闭掉 X 轴和 Z 轴。

注意： 这里只能选择视图的空白区域用鼠标左键拖曳移动，如果只单击模型移动，则不会有效果。

7. 全局/对象坐标系统工具

全局/对象坐标系统工具 ，单击可进行切换。全局坐标系统(世界坐标轴)：坐标轴永远保持在中心点的位置；对象坐标系统(物体坐标轴) ：坐标轴随着物体对象空间位置的变化而变化。

3.3　选 择 菜 单

选择菜单在 C4D 界面的最上方的主菜单中，执行主菜单的选择菜单命令，会弹出菜单选项，如图 3-9 所示。

图 3-9　C4D 选择菜单

1. 选择过滤

· **选择器**：执行该命令后，会弹出"选择器"对话框，可以勾选对话框中对象类型来快速选择场景中对应类型的对象，如图 3-10 所示。

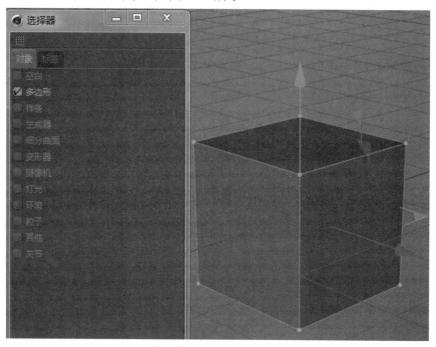

图 3-10　选择器

· **创建选集对象**：选择任意对象后，该命令被激活，执行该命令后，在对象窗口中会出现一个选集，在选择过滤菜单下也会出现一个选集，可以通过选择过滤→选择选集来选择创建的集，也可以把任意一个对象添加在选集内，如图 3-11 所示。

图 3-11　C4D 的创建选集对象面板

· **全部/无**：如果勾选"全部"，那么下面的对象类型会全部被勾选，场景中的物体都可以被选择；如果勾选"无"，那么下面的对象类型会全部取消勾选，则场景中的物体都不可以被选择。在选择过滤下面的选项中，如果哪一种对象类型没有勾选，那么场景中该类型的对象将不可以被选择。

2. 循环选择

这个工具可以选择一个循环结构，在点线面三种模式下都可以使用。当一个模型具有一个循环的走向(edge flow)时，使用这个选择工具可以将一个循环结构快速选取。执行该命令后，比如球体则可以选择经度或纬度上的一圈点、边、面，如图3-12所示。

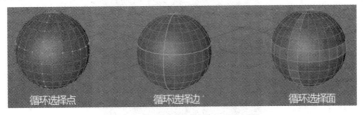

图 3-12　循环选择点、边、面

3. 环状选择

在点模式下可以选择经度或纬度上的两圈点。环状选择和循环选择也类似，都是选择一个循环的结构，不同之处在于，循环选择选择的是循环结构外圈的内容，而环状选择只选择循环走向中间而不包括两侧的内容。该命令也可以应用在物体的边和面上。在边模式下执行该命令，还可以选择经度或纬度上平行的两圈边。在面模式下执行该命令，和执行"循环选择"的结果一样，可以选择经度或纬度上的一圈面，如图3-13所示。

图 3-13　环状选择面

4. 轮廓选择

该命令用于面到边的转换选择，在选中面的状态下，执行该命令，可以快速选择面的轮廓边，如图3-14所示。

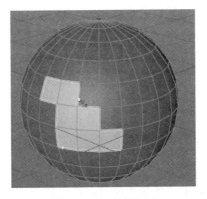

图 3-14　轮廓选择面

5. 填充选择

该命令用于边到面的转换选择，在选中闭合边的状态下，执行该命令，可以快速选择闭合边里面的面。如果边是非闭合的，则会选择整个对象的面，如图3-15所示。

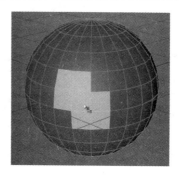

图3-15　填充选择面

6. 路径选择

执行该命令，按住鼠标左键拖曳，鼠标指针经过的路径上面的点、边、面都会在各自对应的模式下被选择。

7. 选择连接

选择对象上的一个点、边、面执行该命令，可以选择整个对象上的点、边、面。

8. 扩展选区

在选择点、边或面的状态下，执行该命令，可以在原来选择的基础上，加选与其相邻的点、边或面。

9. 收缩选区

在选择点、边或面的状态下，执行该命令，可以在原来选择的基础上，从外围减选点、边或面。

10. 隐藏选择

选择点、边或面，执行该命令后选择的点、边或面会不可见。

11. 隐藏未选择

选择点、边或面，执行该命令后未选择的元素会不可见。

12. 全部显示

执行"隐藏选择"或"隐藏未选择"命令后，可以使隐藏的点、边或面还原。

13. 反转显示

在对象中有隐藏点、边或面状态下，执行该命令，可以使原来显示的点、边或面呈隐藏状态，原来隐藏的点、边或面呈显示状态。

14. 转换选择模式

在选择点、边或面的状态下，执行该命令，弹出转换选择对话框，可通过该对话框转换到点、边或面的选择状态。

15. 设置选集

在选择点、边或面的状态下，执行该命令，在对象标签栏中会出现一个选集标签，即创建好一个选集。需要再次选择这些点、边或面时，可以在对应的模式下，单击恢复选集即可。

16. 设置顶点权重

这个命令一般要和变形器配合使用，作用是通过对点的权重的设置来限制变形对象的影响与精度。把球的下半部分点的权重值设置为 0，上半部分点的权重值设为 100，为其加一个扭曲变形器，再为扭曲添加一个限制标签，权重值大的点受变形器影响大，权重值小的点受变形器的影响小。

3.4　视　图　控　制

在三维软件中，任何一个三维对象都是采用投影方式来表达的，通过正投影得到正投影视图，通过透视投影得到透视视图。正投影视图也就是光线从物体正面向背面投影得到的视图，主要包括"右视图""顶视图"和"正视图"三种形式，根据这三种视图变化出了"左视图""底视图"和"后视图"等其他正投影视图。在 C4D 的视图窗口有平移视图、推拉视图、旋转视图、切换视图四种视图窗口，每个窗口都有自己的显示设置，左边为菜单栏，右边为视图操作按钮，通过视图操作按钮对视图进行控制，如图 3-16 所示。

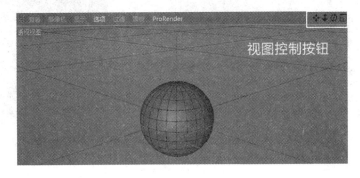

图 3-16　视图控制按钮

1. 平移视图

平移视图。有三种方法可以实现平移视图：① 按住平移；② 按住键盘上的"1"键，拖曳视图进行平移；③ 按住 Alt 键，用鼠标中键拖曳进行平移。

2. 推拉视图

推拉视图。有三种方法可以实现推拉视图：① 按住推拉；② 按住键盘上的"2"键，拖曳视图进行推拉；③ 按住 Alt 键，用鼠标右键拖曳进行推拉。

3. 旋转视图

旋转视图。有三种方法可以实现旋转视图：① 按住旋转；② 按住键盘上的"3"键，拖曳视图进行旋转；③ 按住 Alt 键，按住鼠标左键拖曳进行旋转。

注意：按住 Alt + Ctrl 组合键，旋转视图，如果没有选中物体，视图将以世界坐标原点为目标点进行旋转；如果选择了物体，视图将以物体的坐标原点为目标点进行旋转。

4. 切换视图

切换视图■。有两种方法可以实现切换视图：① 单击要切换的视图上方的切换按钮；② 将鼠标指针放在想要切换的视图之上，单击鼠标中键进行切换。

3.5　视图菜单

在 C4D 的视图窗口中，默认显示的是"透视视图"，可以通过视图菜单切换不同的视图和布局，每个视图都拥有属于自己的菜单，对其操作不会对其他的视图有影响，如图 3-17 所示。

3.5.1　查看

查看菜单中的命令主要用于对视图的操作、显示视图内容等，如图 3-18 所示。

图 3-17　视图菜单　　　　　　　　　　　　图 3-18　查看菜单

1. 作为渲染视图

激活该命令后，可将当前选中的视图作为默认的渲染视图。例如，将前视图设置为渲染视图，此时在渲染工具中单击"渲染活动场景到图片查看器"按钮■，渲染的将是前视图显示的效果，如图 3-19 所示。

图 3-19　C4D 的渲染视图

2. 撤销视图

对视图进行平移、旋转、缩放等操作后,"撤销视图"命令将被激活,使用这个命令可以撤销之前对视图进行的操作。

3. 重做视图

只有执行过一次以上"撤销视图"命令后,"重做视图"命令才能被激活,该命令用于重做对视图的操作。

4. 框显全部

执行该命令后,场景中所有的对象都被显示在视图中,如图 3-20 所示。

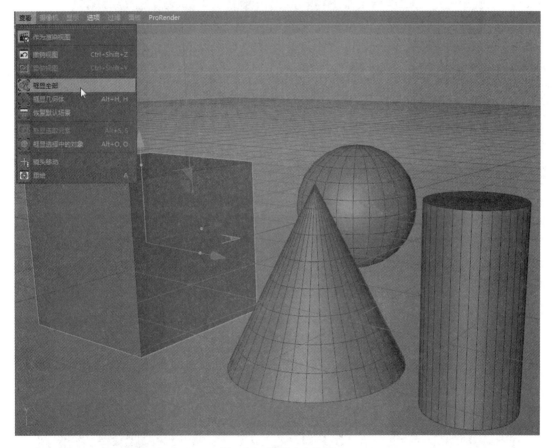

图 3-20　框显全部命令

5. 框显几何体

执行该命令后,场景中所有的几何体对象都被显示在视图中。

6. 恢复默认场景

执行该命令会将摄像机镜头恢复至默认的镜头(刚打开 C4D 时显示的镜头)。

7. 框显选取元素

当场景中的参数化物体转换成多边形物体后,该命令才能被激活。执行该命令可以将选取的元素(点、线、面)在视图中最大化显示,如图 3-21 所示。

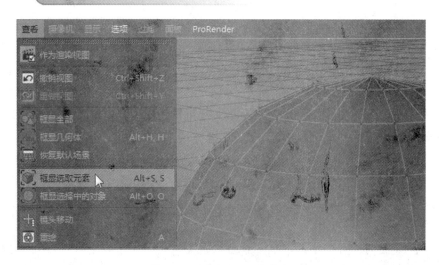

图 3-21　框显选取元素命令

8. 框显选择中的对象

当场景中的物体被选择后,可执行该命令将选择的物体最大化显示在视图中,如图 3-22 所示。

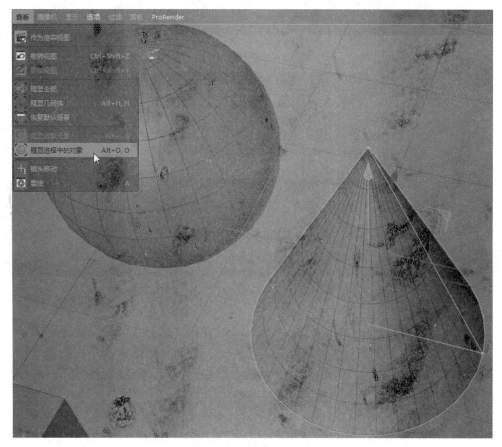

图 3-22　框显选择中的对象命令

9. 镜头移动

C4D 为每个视图默认配置了一个摄像机，在执行"镜头移动"命令后，可按下左键同时移动对默认摄像机操作。

10. 重绘

当视图执行完"渲染当前活动视图"  命令后，视图被实时渲染，执行"重绘"命令可恢复视图。

3.5.2 摄像机

摄像机菜单中的命令用于为视图设置不同的投影类型，如图 3-23 所示。

图 3-23　摄像机菜单

1. 导航→光标模式/中心模式/对象模式/摄像机模式

可以通过切换各种导航模式来切换摄像机的焦点。光标模式下摄像机将以光标的位置作为摇移的中心；中心模式下摄像机将以视图中心为摇移的中心；对象模式下摄像机将以选择对象作为摇移的中心；摄像机模式下摄像机将以摄像机的机位点作为摇移的中心，如图 3-24 所示。

图 3-24　导航菜单

2. 使用摄像机

当在场景中创建多个摄像机后，可以通过执行该命令在不同的摄像机视图之间进行切换。

3. 设置活动对象为摄像机

选择一个物体，执行该命令，可以选择的物体作为观察原点。例如 C4D 中没有提供灯光视图，因此可以执行该命令来调节灯光角度。

4. 透视视图/平行视图/左视图/右视图/正视图/背视图/顶视图/底视图

在摄影机菜单里提供了多种视图的切换，如透视视图、平行视图、左视图、右视图、正视图、背视图、顶视图、底视图等，如图 3-25～图 3-28 所示。

图 3-25　透视视图/平行视图摄像机

图 3-26　左视图/右视图摄像机

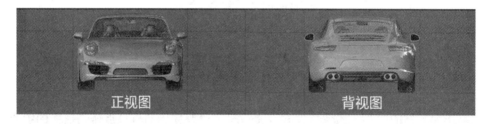

图 3-27　正视图/背视图摄像机

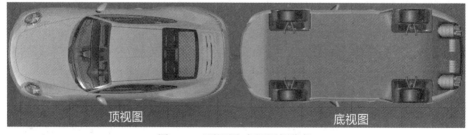

图 3-28　顶视图/底视图摄像机

5. 轴侧→等角视图/正角视图/军事视图/绅士视图/鸟瞰视图/蛙眼视图

可以通过执行相关命令来切换对应视图。这些视图不同于常用视图，主要是由于这些视图的三个轴向的比例不同造成的。等角视图的轴向比例为 X:Y:Z = 1:1:1，如图 3-29 左侧所示。正角视图的轴向比例为 X:Y:Z = 1:1:0.5，如图 3-29 右侧所示。

图 3-29　等角视图和正角视图

军事视图的轴向比例为 X:Y:Z = 1:2:3，如图 3-30 左侧所示。绅士视图的轴向比例为 X:Y:Z = 1:1:0.5，如图 3-30 右侧所示。

图 3-30　军事视图和绅士视图

鸟瞰视图的轴向比例为 X:Y:Z = 1:0.5:1，如图 3-31 左侧所示。蛙眼视图的轴向比例为 X:Y:Z = 1:2:1，如图 3-31 右侧所示。

图 3-31　鸟瞰视图和蛙眼视图

3.5.3　显示

显示菜单中的命令主要用于控制对象的显示方式，如图 3-32 所示。

图 3-32　显示菜单

1. 光影着色

光影着色为默认的着色模式，所有的对象会根据光源显示明暗阴影，如图 3-33 所示。

图 3-33　光影着色模式

2. 光影着色(线条)

光影着色(线条)与"光影着色"模式相同，但会显示对象的线框，如图 3-34 所示。

图 3-34　光影着色(线条)模式

3. 快速着色

该模式下,场景中用默认灯光代替场景中的光源照射对象显示明暗阴影,如图 3-35 所示。

图 3-35　快速着色模式

4. 快速着色(线条)

快速着色(线条)与"快速着色"模式相同,但会显示对象的线框,如图 3-36 所示。

图 3-36　快速着色(线条)模式

5. 常量着色

在该模式下,对象表面没有任何明暗变化,如图 3-37 所示。

图 3-37　常量着色模式

6. 常量着色(线条)

常量着色(线条)与"常量着色"模式相同，但会显示对象的线框，如图 3-38 所示。

图 3-38　常量着色(线条)模式

7. 隐藏线条

在该模式下，对象将以线框显示，并隐藏不可见的网格，如图 3-39 所示。

图 3-39　隐藏线条模式

8. 线条

该模式完整显示多边形网格，包括可见的网格和不可见的网格，如图 3-40 所示。

图 3-40　线条模式

9. 线框

该模式用于以线框结构方式来查看对象，如图 3-41 所示。

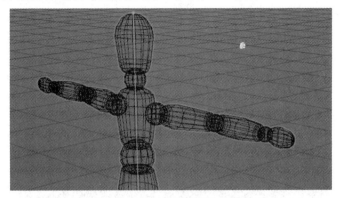

图 3-41　线框模式

10. 等参线

在该模式下，对象在线条着色方式时将显示 NURBS 等参线，如图 3-42 所示。

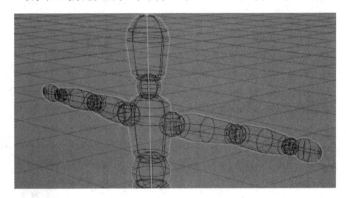

图 3-42　等参线模式

11. 方形

该模式下，对象将以边界框方式显示，如图 3-43 所示。

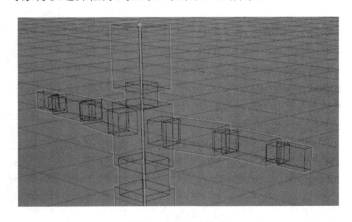

图 3-43　方形模式

12. 骨架

在这种模式下，对象显示为点线结构，点与点之间通过层级结构进行连接。这种模式常用于制作角色动画，如图 3-44 所示。

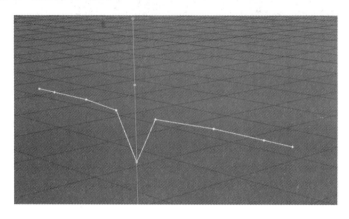

图 3-44　骨架模式

3.5.4　选项

选项菜单中的命令主要用于控制对象的显示设置和一些配置设置，如图 3-45 所示。

1. 细节级别→低/中/高/使用视窗显示级别作为渲染细节级别

低级别时显示比例为 25%；中级别时显示比例为 50%；高级别时显示比例为 100%。执行"使用视窗显示级别作为渲染细节级别"命令后，将视图中对象显示的细节来替代默认的渲染细节。

2. 立体

当从 3D 摄像机视图中观察场景时，打开该选项，可看到模拟的双机立体显示效果。

3. 线性工作流程着色

开启该选项后场景中的着色模式会发生变化，视图中将启用线性工作流程着色。

4. 增强 OpenGL

开启该选项后，可以使显示质量提高，前提是需要显卡支持。

5. 噪波

当开启"增强 OpenGL"选项后，该选项被激活，在场景中实时显示噪波的效果，如图 3-46 所示。

图 3-45　选项菜单

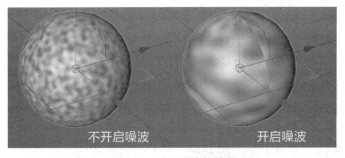

图 3-46　显示噪波的效果

6. 后期效果

当开启"增强 OpenGL"选项后，该选项被激活。开启该选项后，会增强显示后期效应。

7. 投影

当开启"增强 OpenGL"选项后，该选项被激活。开启该选项后，在场景中实时显示灯光阴影的效果，如图 3-47 所示。

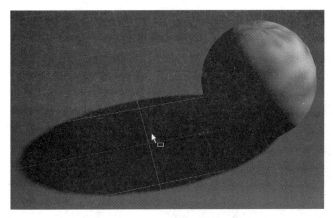

图 3-47　显示灯光阴影的效果

8. 透明

当开启"增强 OpenGL"选项后，该选项被激活。开启该选项后，在场景中实时显示物体的透明效果。

9. 背面忽略

开启该选项后，在场景中物体的不可见面将不被显示，如图 3-48 所示。

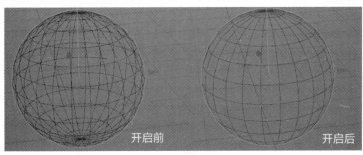

图 3-48　开启背面忽略的效果

10. 等参线编辑

开启该选项后，所有对象的元素(点、边、多边形)将被投影到平滑细分对象上，这些元素可以直接被选择并影响平滑细分对象，如图3-49所示。

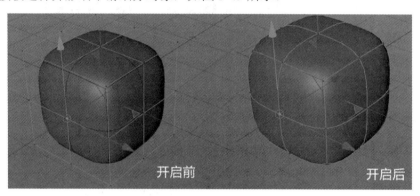

图3-49　等参线编辑效果

11. 层颜色

对象分配到一个层可以显示在编辑器中，并能查看各自层的颜色。

12. 多边形法线/顶点法线

开启该选项后，在场景中物体的面法线将被显示，如图3-50所示。

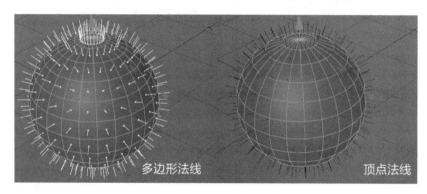

图3-50　显示法线的效果

13. 显示标签

启用该选项，物体将使用显示模式定义的显示标记(如果存在)。对象没有显示标签将继续使用视图的阴影模式。

14. 纹理

开启该选项后，在场景中物体的材质纹理将被实时显示。

15. 透显

开启该选项后，在场景中的物体将被透明显示。

16. 默认灯光

执行该命令后，会弹出默认灯光面板，可以按住鼠标左键拖动来调整默认灯光的角度。

17．配置视图

可以通过执行该命令来对视图进行设置，包括物体的着色方式、显示方式等，以及背景参考图的导入。

18．配置全部

该命令功能类似于"配置视图"命令，不同的是它可对多个视图进行设置。

3.5.5　过滤器和面板

1．过滤器

几乎所有类型的元素都能通过"过滤器"菜单中的选项在视图中显示或者隐藏，包括坐标轴的显示与否，如图 3-51 所示。只需要取消勾选某种类型的元素后，场景中的该类元素将不被显示。例如，取消勾选灯光，那么场景中的灯光将不被显示在场景中。

2．面板

面板菜单中的命令用于切换和设置不同的视图排列布局类型，如图 3-52 所示。

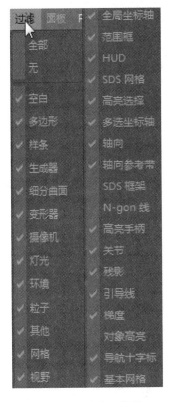

图 3-51　过滤器菜单

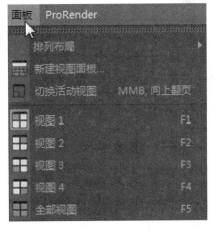

图 3-52　面板菜单

1）排列布局

可执行该选项下面的下拉菜单中的命令来切换视图布局，如执行排列布局→三视图顶拆分视图布局，如图 3-53 所示。

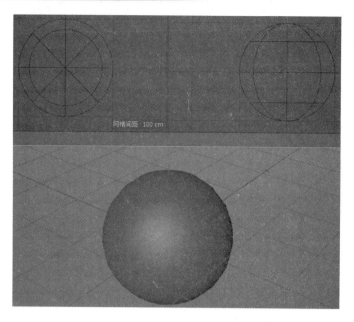

图 3-53   三视图顶拆分视图布局

2）新建视图面板

可以执行该命令来创建一个新的浮动视图窗口，甚至可以多次执行创建多个浮动视图窗口。

3）切换活动视图

执行该命令可以使当前视图最大化显示。

4）视图 1/视图 2/视图 3/视图 4/全部视图

执行该命令可以在视图1(透视图)、视图2(顶视图)、视图3(右视图)、视图4(前视图)和全部视图之间进行切换。

课后练习

1. 在 C4D 中新建一个"立方体"，先分别移动、选择和放大缩小视图来观看立方体，然后对立方体进行往 X 轴方向移动 100 cm，围绕 Z 轴旋转 90°，体积等比例缩小一半。

2. 在 C4D 中新建一个"球体"，把它转化为可编辑对象，进入子模式，循环选择一条边，环状选择一组面，任意框选六个点。

3. 在C4D中新建一个"人偶"，分别用快捷键在"光影着色""光影着色(线条)""快速着色""快速着色(线条)""常量着色""常量着色(线条)""隐藏线条""线条"八种显示模式下，观看人偶的显示效果。

第4章　C4D 工程文件管理

本章主要详述的 C4D 工程文件的管理方法和技巧，包括介绍 C4D 文件操作：新建文件、恢复文件、关闭文件、保存文件、保存工程、导出文件，系统设置和工程设置等。通过本章的学习，可以熟练 C4D 文件的相关操作和常用参数设置，避免在操作过程中常犯文件操作失误问题。

4.1　文　件　操　作

文件操作过程：执行主菜单操作后出现"文件"选项，如图 4-1 所示。

图 4-1　文件菜单

1. 新建文件

单击执行主菜单→文件→新建选项，可新建一个文件；单击执行主菜单→文件→打开选项，可打开一个文件夹中的文件；单击执行主菜单→文件→合并选项，可合并场景中选择的文件。

2. 恢复文件

单击执行主菜单→文件→恢复，即可恢复到上次保存的文件状态。

3. 关闭文件

单击执行主菜单→文件→关闭选项，可关闭当前编辑的文件；单击执行主菜单→文件→全部关闭选项，可关闭所有文件。

4. 保存文件

单击执行文件→保存命令选项，就可以保存当前编辑的文件；单击执行文件→另存为命令，就可以将当前编辑的文件另存为一个新的文件；单击执行文件→增量保存命令，可以将当前编辑的文件加上序列另存为新的文件。

5. 保存工程

单击执行主菜单→文件→全部保存，即可保存所有文件；单击执行主菜单→文件→保存工程(包含资源)，可将当前编辑的文件做成一个工程文件，然后加入文件中用到的资源素材。

注意： 保存工程也就是工作中常说的打包工程，制作完毕一个场景文件后，常常会进行保存工程的操作，这样可以避免日后资源丢失，同样也方便交接给其他人员继续使用。

---

6. 导出文件

在 C4D 中可以将文件导出为 3ds、xml、dxf、obj 等格式，以便和其他软件进行交互使用，相关可导出的格式如图 4-2 所示。

图 4-2　导出文件格式选项

4.2　系　统　设　置

当对 C4D 界面的显示、布局、文字、图标、语言、热键、建模、材质、渲染、变换的单位等一系列参数做好初始设置后，单击执行主菜单→编辑→设置，可打开设置窗口，如图 4-3 所示。

图 4-3　系统设置选项

1. 初始设置

用户界面主要设置 C4D 的语言、界面色调、字体、图标、热键等，如图 4-4 所示。

图 4-4　用户界面设置

用户界面部分设置介绍如下：

- **语言**：C4D 有官方中文语言，并提供了多种语言设置以适用于不同用户的需求。
- **界面**：可选择明色调或暗色调。
- **GUI 字体**：该选项可以更改界面字体，也可自主添加字体进行设置。
- **显示气泡式帮助**：勾选该选项后，鼠标指针指向某个图标时，将弹出气泡式的帮助信息。
- **在菜单中显示图标**：默认为勾选状态，菜单中工具名称前方会显示图标，方便观察操作。
- **在菜单中显示热键**：可用于显示/隐藏菜单中工具的快捷键。

注意： (1) 更改语言和字体等参数需重启软件后才能生效；(2) 字体安装太多不利于软件的应用。

2. 导航

导航设置界面主要设置 C4D 的摄像机模式，如图 4-5 所示。

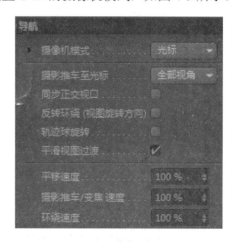

图 4-5　导航设置

注意： 如果发现视图旋转的方向不正确，需要勾选反转环绕选项。

3. 文件

文件设置界面主要设置 C4D 的文件拷贝与保存，如图 4-6 所示。

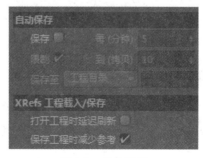

图 4-6　文件设置

勾选自动保存选项后，将开启场景自动保存，可自定义设置相关参数。

4. 单位

单位设置界面主要设置 C4D 的基本单位情况，如图 4-7 所示。

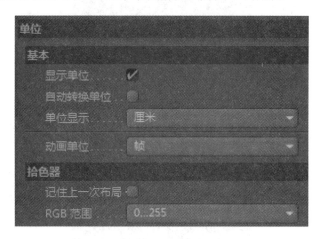

图 4-7　单位设置

单位显示选项默认单位为厘米，这是 C4D 特有的单位显示。

5. 打开配置文件夹

该按钮可以打开备份文件所在的文件夹，如果删除该文件夹，所有设置将会回到初始状态，如图 4-8 所示。

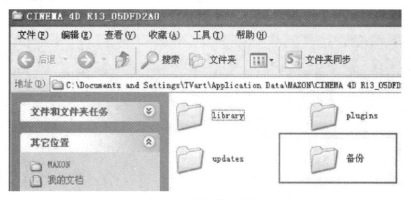

图 4-8　打开备份文件所在的文件夹

4.3　工　程　设　置

执行主菜单→编辑→工程设置，可打开工程设置窗口，如图 4-9 所示。

图 4-9 工程设置选项

帧率(FPS)设置如图 4-10 所示。

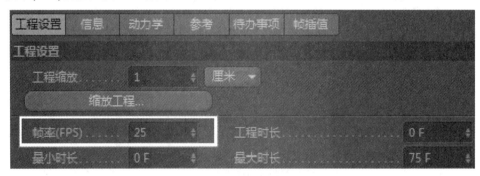

图 4-10 帧率设置

帧率须调整为亚洲的帧率，即 25 帧/秒，C4D 默认时间线长度为 3 s。

课后练习

在C4D中新建一个工程文件，命名为"第4章课后练习1"，在界面中新建一个"立方体"，保存工程文件，同时把文件导出为*.obj格式。

| 第5章 | C4D 参数化对象 |

本章主要详述 C4D 参数化对象的相关概念和应用，包括立方体、球体、平面等 16 个参数几何体、6 种类型的自由绘制样条曲线、15 种原始样条曲线的基本概念和相应属性详解等。通过本章的学习，可以熟练掌握 C4D 多边形基本对象和样条基本对象相关知识，为后面的建模学习奠定理论基础。

5.1　对　　象

对象是 C4D 中最基本的参数几何体，这些模型都是以参数变量来进行控制的。创建参数几何体的方法为：长按 键不放，展开创建参数几何体工具栏，选择相应几何体，如图 5-1 所示。

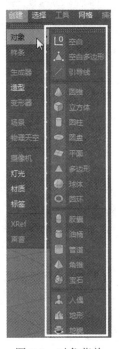

图 5-1　对象菜单

1. 立方体

立方体 是建模中常用的几何体之一，现实中与立方体接近的物体很多。执行主菜单→创建→对象→立方体，可创建一个立方体对象，此时在属性面板中会显示该立方体的参数设置。立方体对象选项卡参数设置如图 5-2 所示。

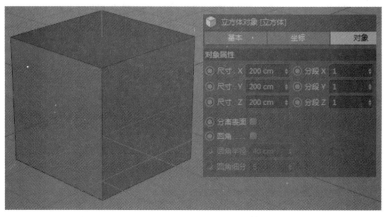

图 5-2 立方体对象选项卡

- **尺寸.X/尺寸.Y/尺寸.Z**：最初建立的立方体都是边长为 200 cm 的正方体，后续可通过这三个参数调整立方体的长、宽、高。
- **分段 X/分段 Y/分段 Z**：用于增加立方体的分段数。
- **分离表面**：勾选分离表面后，按一下 C 键，转换参数对象为多边形对象，此时立方体被分离为 6 个表面，如图 5-3 所示。

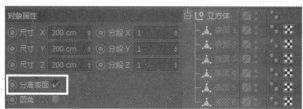

图 5-3 分离表面效果

- **圆角**：勾选圆角后，可直接对正方体进行倒角，通过圆角半径和圆角细分设置倒角大小和圆滑程度，如图 5-4 所示。

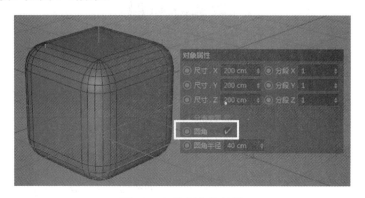

图 5-4 勾选圆角的效果

注意：调整参数时，右键单击![icon]，可恢复到系统默认数值。

2. 圆锥

在 C4D 中，圆锥是一种常见的三维几何体，它由一个圆形底面和一个顶点相连而成，形状类似于圆锥形。执行主菜单→创建→对象→圆锥![icon]，可创建一个圆锥对象。

1) 对象

圆锥对象选项卡参数设置如图 5-5 所示。

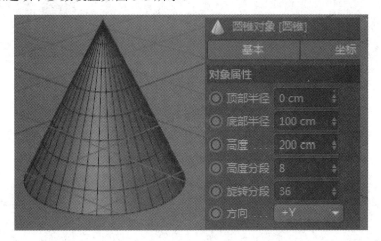

图 5-5 圆锥对象选项卡

- **顶部半径/底部半径**：设置圆锥顶部和底部的半径，如果两个值相同，就会得到一个圆柱体，如图 5-6 所示。

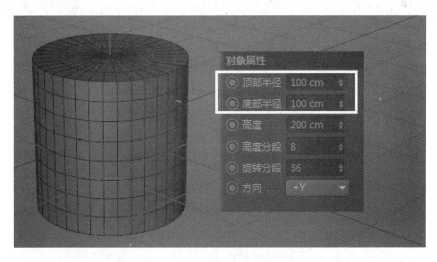

图 5-6 设置圆锥顶部和底部的半径

- **高度**：设置圆锥的高度。
- **高度分段/旋转分段**：设置圆锥在高度和纬度上的分段数。
- **方向**：设置方向，如图 5-7 所示。

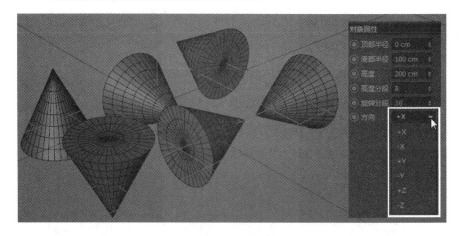

图 5-7　设置方向

2) 封顶

• **封顶/封顶分段**：勾选"封顶"后，可以对圆锥进行封顶，"封顶分段"参数可以对封顶后顶面的分段进行调节，如图 5-8 所示。

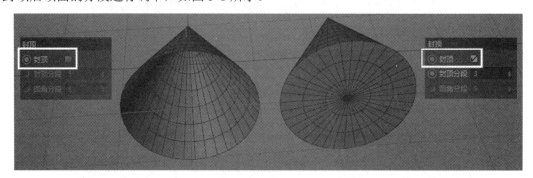

图 5-8　设置封顶分段

• **圆角分段**：设置封顶后圆角的分段。

• **顶部/底部**：设置顶部和底部的圆角大小，如图 5-9 所示。

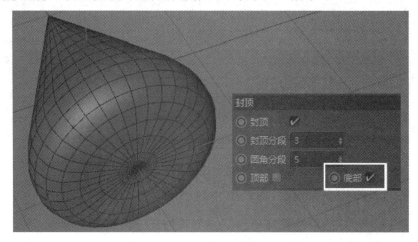

图 5-9　设置顶部和底部的圆角大小

3. 圆柱

圆柱是一种三维几何体，具有圆形截面和沿着一条中心轴延伸的高度。在 C4D 中，圆柱可以通过创建一个圆柱体对象来定义。执行主菜单→创建→对象→圆柱 ，可创建一个圆柱对象。圆柱的参数调节和圆锥基本相同，这里不再赘述。

4. 圆盘

圆盘是一种三维几何体，具有圆形的截面，但没有高度。在 C4D 中，圆盘可以通过创建一个圆环体对象来定义。执行主菜单→创建→对象→圆盘 ，可创建一个圆盘对象。圆盘对象选项卡参数设置如图 5-10 所示。

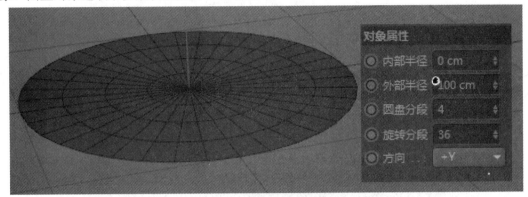

图 5-10　圆盘对象选项卡

• **内部半径/外部半径**：系统默认状态为一个圆形平面，调节内部半径，可使圆盘变为一个环形的平面；调节外部半径，可使圆盘的外部边缘扩大。图 5-11 所示为调节内部半径和调节外部半径示意图。

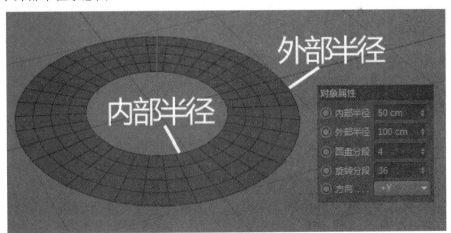

图 5-11　内部半径/外部半径选项卡

5. 平面

平面是一个基本的几何体，它被定义为一个只有两个维度的二维几何形状。平面由四个顶点和四条边组成，并且可以有不同的大小和位置。执行主菜单→创建→对象→平面 ，可创建一个平面对象。平面对象选项卡参数设置如图 5-12 所示。

图 5-12　平面对象选项卡

6. 多边形

多边形是一个由三个或更多顶点组成的平面几何形状。多边形可以是任意形状和大小，并且可以用于构建各种 3D 模型，如建筑、角色、场景等。执行主菜单→创建→对象→多边形 ▲ 多边形，创建一个多边形对象。勾选该项以后，多边形将转变为三角形，如图 5-13 所示。

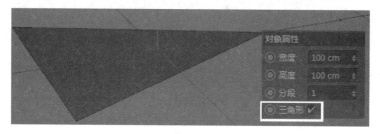

图 5-13　多边形对象选项卡

7. 球体

球体是一个基本的几何体，它被定义为一个球形的三维几何形状。球体由许多细小的多边形组成，并可以通过调整它的半径、细分和位置等属性来进行创建。执行主菜单→创建→对象→球体 ● 球体，创建一个球体对象。球体对象选项卡参数设置如图 5-14 所示。

- **半径**：设置球体的半径。
- **分段**：设置球体的分段数，控制球体的光滑程度。

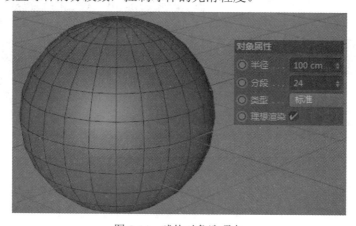

图 5-14　球体对象选项卡

- **类型**：球体包含六种类型，分别为"标准""四面体""六面体"(制作排球的基本几何体) "八面体""二十面体"和"半球体"。
- **理想渲染**：理想渲染是 C4D 中很人性化的一项功能，无论视图场景中的模型显示效果质量如何，勾选该项后渲染出来的效果都很好，并且可以节约内存。

8. 圆环

圆环是一种基本的几何体，它被定义为由两个同心圆环组成的环状几何体。圆环可以通过调整其内径、外径、细分段数、角度等属性来进行创建。执行主菜单→创建→对象→圆环 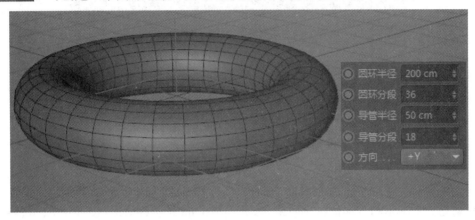，可创建一个圆环对象。圆环对象选项卡参数设置如图 5-15 所示。

图 5-15　圆环对象选项卡

- **圆环半径/圆环分段**：圆环是由圆环和导管这两条圆形曲线组成的，圆环半径控制圆环曲线的半径，圆环分段控制圆环的分段数。
- **导管半径/导管分段**：设置导管曲线的半径和分段数。如果"导管半径"为 0 cm，则在视图中会显示出导管曲线。

9.胶囊

胶囊是顶部和底部为半球状的圆柱体，可以通过调整其半径、高度、细分和角度等属性来进行创建。执行主菜单→创建→对象→胶囊 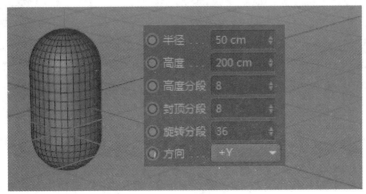，可创建一个胶囊对象。胶囊对象选项卡参数设置如图 5-16 所示。

图 5-16　胶囊对象选项卡

10. 油桶

油桶是一种基本的几何体，它被定义为一个圆柱体形状，上部有一对垂直的环形手柄和一些螺纹细节，以模拟真实的油桶外观。油桶可以通过调整其半径、高度、细分和角度等属性来进行创建。执行主菜单→创建→对象→油桶 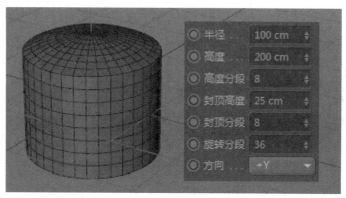 ，可创建一个油桶对象。油桶的形态与圆柱类似，当"封顶高度"为 0 cm 时，油桶就变成了一个圆柱。油桶对象选项卡参数设置如图 5-17 所示。

图 5-17   油桶对象选项卡

11. 管道

管道是一种基本的几何体，它被定义为一个空心的长圆柱体形状，可以模拟各种管道和管道系统的外观。管道可以通过调整其半径、高度、细分和角度等属性来进行创建。执行主菜单→创建→对象→管道 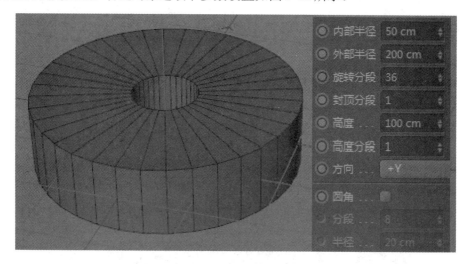 ，可创建一个管道对象。勾选圆角项后，将对管道的边缘部分进行倒角处理。管道对象选项卡参数设置如图 5-18 所示。

图 5-18   管道对象选项卡

12. 角锥

角锥是一种基本的几何体，它被定义为一个尖锐的圆锥体形状，可以模拟各种角锥形物体的外观。角锥可以通过调整其半径、高度、细分和角度等属性进行创建。执行主菜单

→创建→对象→角锥 ，可创建一个角锥对象。角锥的参数调节非常简单。角锥对象选项卡参数设置如图 5-19 所示。

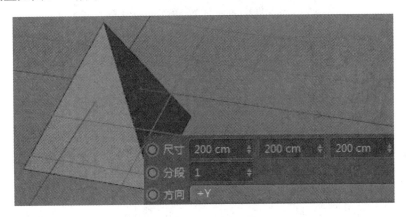

图 5-19　角锥对象选项卡

13. 宝石

宝石是一种常见的几何体，它通常被用来创建珠宝、宝石饰品、宝石装饰等物品。宝石可以定义为由多边形构成的立方体，其外形通常为切割好的多面体，可以通过调整其边缘、半径、高度等属性来定制。执行主菜单→创建→对象→宝石 ，可创建一个宝石对象。宝石对象选项卡参数设置如图 5-20 所示。

- **分段**：增加宝石的细分段数。
- **类型**：C4D 提供了六种不同类型的宝石，分别为"四面""六面""八面""十二面""二十面"(默认创建的类型)和"碳原子"。

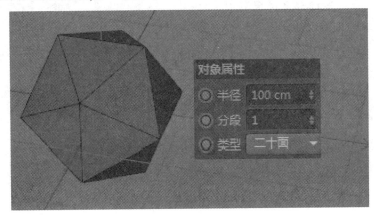

图 5-20　宝石对象选项卡

14. 人偶

人偶是一种可以被动态控制和动画化的虚拟人物模型。人偶通常由多边形网格构成，其外观类似于真实的人体，可以根据需求进行编辑和定制。例如，可通过添加、删除等步骤调整身体的各部分。执行主菜单→创建→对象→人偶 ，可创建一个人偶对象，将人偶转化为多边形对象，即可单独对人偶的每一个部分进行操作。人偶对象选项卡参数设置如图 5-21 所示。

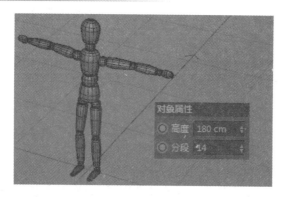

图 5-21 人偶对象选项卡

15. 地形

地形是指用于创建 3D 地形的工具和技术。地形通常由高度图、材质和纹理等组成，可以用于创建各种自然场景，如山脉、丘陵、峡谷、河流等。执行主菜单→创建→对象→地形 ，可创建一个地形对象。地形对象选项卡参数设置如图 5-22 所示。

图 5-22 地形对象选项卡

- **宽度分段/深度分段**：设置地形的宽度与深度的分段数，值越高模型越精细。
- **粗糙褶皱/精细褶皱**：设置地形褶皱的粗糙和精细程度。
- **缩放**：设置地形褶皱的缩放大小。
- **海平面**：设置海平面的高度，值越高海平面越低。
- **地平面**：设置地平面的高度，值越低地形越高，顶部也会越平坦。
- **多重不规则**：产生不同的形态。
- **随机**：产生随机的效果。

- **限于海平面**：取消勾选时，地形与海平面的过渡不自然。
- **球状**：勾选时可以形成一个球形的地形结构。

16. 地貌

地貌是指地球表面的形态和特征，例如山脉、丘陵、平原、峡谷等。地貌是自然景观的重要组成部分，也是 3D 场景中常用的元素之一。执行主菜单→创建→对象→地貌 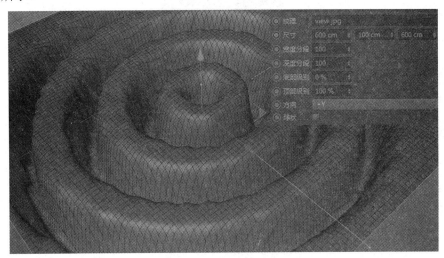，可创建一个地貌对象。为地貌添加一个纹理图像后，系统会根据纹理图像来显示地貌，如图 5-23 所示。

图 5-23　地貌对象选项卡

- **宽度分段/深度分段**：用于设置地貌宽度与深度的分段数，值越高模型越精细。
- **底部级别/顶部级别**：用于设置地貌从下往上/从上往下的细节显示级别。

5.2　样　　条

样条曲线是指通过绘制的点生成曲线，然后通过这些点来控制曲线。样条曲线结合其他命令可以生成三维模型，是一种基本的建模方法。

创建样条曲线有以下两种方法：

(1) 长按 按钮不放，打开创建样条曲线工具栏菜单，选择相应的样条曲线，如图 5-24 所示。

图 5-24　样条曲线工具栏菜单

(2) 执行主菜单→创建→样条→样条曲线，可创建一个样条曲线对象，如图 5-25 所示。

图 5-25 样条曲线对象菜单

5.2.1 自由绘制样条曲线

C4D 提供了六种可以自由绘制的样条曲线类型，分别为自由样条、贝塞尔样条、B-样条、线性样条、立方样条和阿基玛样条。

1. 自由样条

自由样条 开放性很强，可以自由绘制样条曲线，如图 5-26 所示。

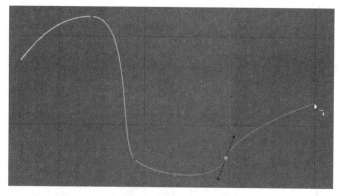

图 5-26 自由样条绘制效果

• **移动控制点**：绘制完一条自由曲线以后，单击移动工具 ，即可选择曲线上的点进行移动。

注意：选择一个控制点后，控制点上会出现一个手柄，调整手柄的两端可以对曲线进行控制。如果只想控制单个手柄，按住 Shift 键进行移动即可。

- **添加控制点：**选中样条曲线，按住 Ctrl 键，单击需要添加点的位置，即可为曲线添加一个控制点。
- **选择多个控制点：**有两种方法可以选择，第一种是执行主菜单→选择→框选，第二种是按住 Shift 键依次选择添加。

2．贝塞尔样条

贝塞尔样条  也称贝兹曲线，是工作中常用的曲线之一。在视图中单击一次即可绘制一个控制点，绘制两个点以上时，系统会自动在两点之间计算一条贝塞尔曲线(此时形成的是由直线构成的曲线，类似于后文中的"线性"曲线)。如果在绘制一个控制点时，按住鼠标不放，然后拖曳鼠标，就会在控制点上出现一个手柄，两个控制点之间的曲线变为光滑的曲线，这时可以自由控制曲线的形状，如图 5-27 所示。

图 5-27　贝塞尔样条绘制效果

完成绘制贝塞尔曲线后同样可以进行编辑，方法与"自由"曲线基本相同，唯一不同的地方是给贝塞尔曲线添加控制点时，不需要按住 Ctrl 键，直接单击即可。

注意：在贝塞尔曲线上添加控制点的方法同样适用于后面几种曲线。

3．B-样条

在视图中单击鼠标左键即可绘制 B-样条。当 B-样条 的控制点超过三个时，系统会自动计算出控制点的平均值，然后得出一条光滑的线，如图 5-28 所示。

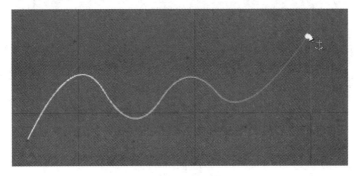

图 5-28　B-样条绘制效果

4．线性样条

线性样条是 点与点之间使用直线进行连接的曲线，如图 5-29 所示。

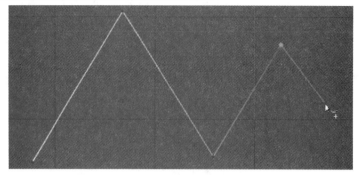

图 5-29   线性样条绘制效果

5. 立方样条

立方样条 类似于 B-样条曲线，不过立方样条的曲率高于 B-样条的曲率，而且立方样条会经过绘制的控制点，曲线的弯曲程度更大，如图 5-30 所示。

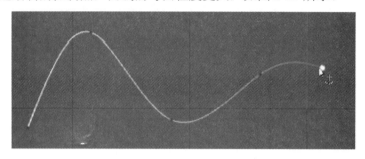

图 5-30   立方样条绘制效果

6. 阿基玛样条

用"阿基玛"绘制的样条 阿基玛(Akima) 较为接近控制点的路径，如图 5-31 所示。绘制完样条曲线后，在"属性"管理器中会出现相应的参数。

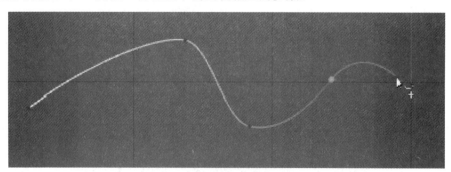

图 5-31   阿基玛样条绘制效果

• **类型**：该参数下包含了"线性""立方""阿基玛""B-样条"和"贝塞尔"五种类型，当创建完一条曲线以后，可以自由修改曲线的类型。

• **闭合样条**：样条曲线的闭合方法有两种，一种是绘制时直接闭合(鼠标点击起点附近，系统将自动捕捉到起点)，另一种是勾选"闭合样条"选项。

• **点插值方式**：用于设置样条曲线的插值计算方式，包括"无""自然""统一""自动适应"和"细分"五种方式。

5.2.2　原始样条曲线

C4D 提供了一些设置好的样条曲线，如圆环、矩形、星形等，可以通过执行主菜单→创建→样条进行绘制，也可以通过"样条线"工具栏进行绘制，如图 5-32 所示。

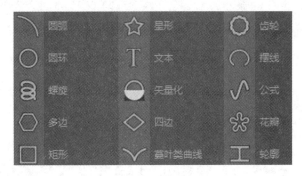

图 5-32　原始样条曲线菜单

1. 圆弧

操作步骤：执行主菜单→创建→样条→圆弧，可绘制一段圆弧。圆弧对象选项卡参数设置如图 5-33 所示。

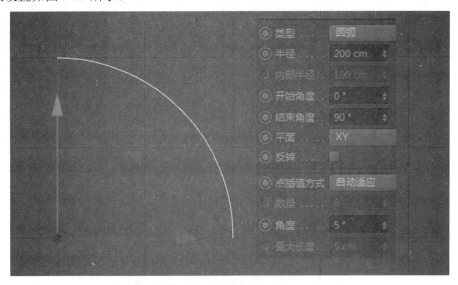

图 5-33　圆弧对象选项卡

- **类型**：圆弧对象包含四种类型，分别为"圆弧""扇区""分段""环状"。
- **半径**：设置圆弧的半径。
- **开始角度**：设置圆弧的起始位置。
- **结束角度**：设置圆弧的末点位置。
- **平面**：以任意两个轴形成的面，为矩形放置的平面。
- **反转**：反转圆弧的起始方向。

2. 圆环

操作步骤：执行主菜单→创建→样条→圆环 ⬭ 圆环 ，可绘制一个圆环。圆环对象选项卡参数设置如图 5-34 所示。

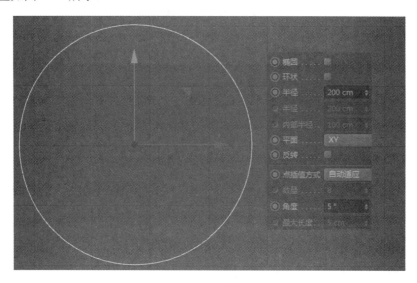

图 5-34　圆环对象选项卡

- **椭圆/半径**：勾选"椭圆"选项后，圆形变成椭圆；"半径"用于设置椭圆的半径，如图 5-35 所示。

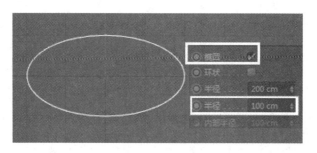

图 5-35　圆环椭圆/半径选项

- **环状/内部半径**：勾选"环状"选项后，圆形变成一个圆环；"内部半径"用于设置圆环内部的半径，如图 5-36 所示。

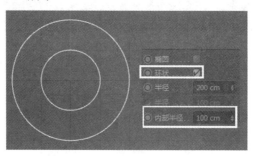

图 5-36　圆环环状/内部半径选项

- **半径**：设置整个圆的半径。

3. 螺旋

操作步骤：执行主菜单→创建→样条→螺旋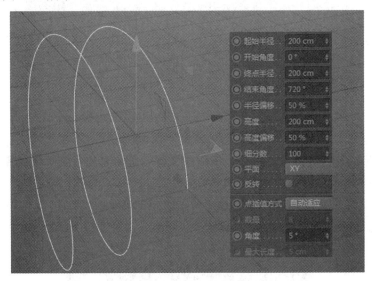，可绘制一段螺旋。螺旋对象选项卡参数设置如图 5-37 所示。

图 5-37　螺旋对象选项卡

- **起始半径/终点半径**：设置螺旋起点和终点的半径大小。
- **开始角度/结束角度**：设置螺旋的长度。
- **半径偏移**：设置螺旋半径的偏移程度。
- **高度**：设置螺旋的高度。
- **高度偏移**：设置螺旋高度的偏移程度。
- **细分数**：设置螺旋线的细分程度，值越高越圆滑。

4. 多边

操作步骤：执行主菜单→创建→样条→多边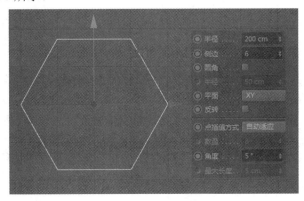，绘制一条多边曲线。多边对象选项卡参数设置如图 5-38 所示。

图 5-38　多边对象选项卡

- **侧边**：设置多边形的边数，默认为六边形，如图 5-39 所示。

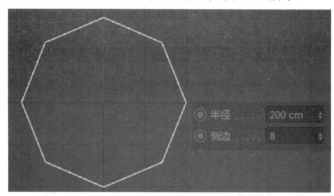

图 5-39　多边的侧边选项

- **圆角/半径**：勾选圆角选项后，多边曲线变为圆角多边曲线；半径控制圆角大小，如图 5-40 所示。

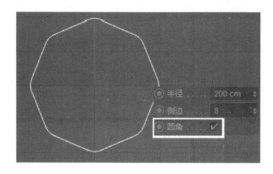

图 5-40　多边的圆角/半径选项

5. 矩形

操作步骤：执行主菜单→创建→样条→矩形 🔲 矩形，可绘制一个矩形。矩形对象选项卡参数设置如图 5-41 所示。

- **宽度/高度**：用于调节矩形的宽度和高度。
- **圆角**：勾选该项后，矩形将变为圆角矩形，可以通过"半径"来调节圆角半径。

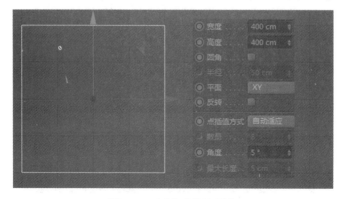

图 5-41　矩形对象选项卡

6. 星形

操作步骤：执行主菜单→创建→样条→星形 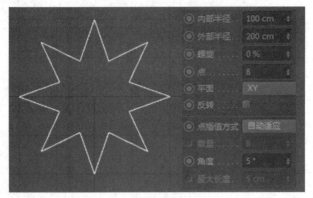，可绘制一个星形。星形对象选项卡参数设置如图 5-42 所示。

图 5-42　星形对象选项卡

- **内部半径/外部半径**：这两项分别用来设置星形内部顶点和外部顶点的半径大小。
- **螺旋**：设置星形内部控制点的选择程度。

7. 文本

操作步骤：执行主菜单→创建→样条→文本 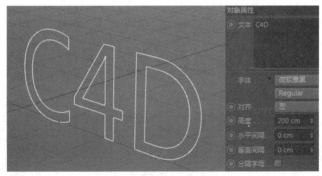，可创建一个文本。文本对象选项卡参数设置如图 5-43 所示。

图 5-43　文本对象选项卡

- **文本**：在这里输入需要创建的文字。
- **字体**：自动载入系统已安装字体。
- **对齐**：用于设置文字的对齐方式，包括"左""中"和"右"三种对齐方式(以坐标轴为参照进行对齐)。
- **高度**：设置文字的高度。
- **水平间隔/垂直间隔**：设置横排/竖排文字的间隔距离。
- **分隔字母**：勾选该项后，当转化为多边形对象时，文字会被分离为各自独立的对象。

8. 矢量化

操作步骤：执行主菜单→创建→样条→矢量化 ，可绘制一个矢量化样条，矢量化对象选项卡参数设置如图 5-44 所示。

- **纹理**：默认的矢量化样条是一个空白对象，当载入纹理图像以后，系统会根据图像明暗对比信息自动生成轮廓曲线。

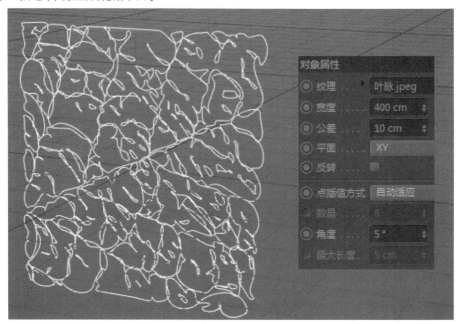

图 5-44　矢量化对象选项卡

- **宽度**：设置生成轮廓曲线的整体宽度。
- **公差**：设置生成轮廓曲线的误差范围，值越小计算得越精细。

9. 四边

操作步骤：执行主菜单→创建→样条→四边 ◇ 四边，可绘制一个四边形。四边对象选项卡参数设置如图 5-45 所示。

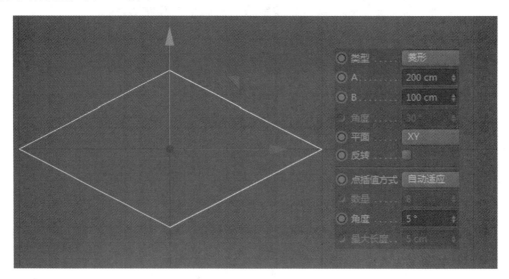

图 5-45　四边对象选项卡

- **类型**：提供了包括"菱形""风筝""平行四边形""梯形"四种选择，如图 5-46 所示。

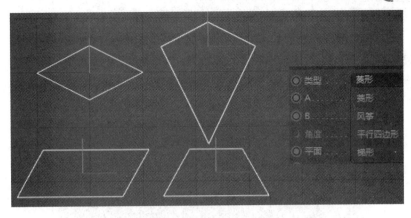

图 5-46　四边的类型选项

- **A/B**：分别代表四边形在水平方向/垂直方向上的长度。
- **角度**：只有当四边形为"平行四边形"或者"梯形"时，此项才会被激活，用于控制四边形的角度。

10. 蔓叶类曲线

操作步骤：执行主菜单→创建→样条→蔓叶类曲线 ![蔓叶类曲线]，可绘制一条蔓叶类曲线。蔓叶类对象选项卡参数设置如图 5-47 所示。

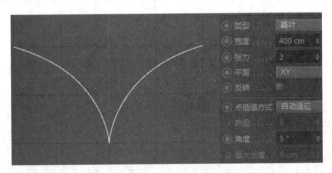

图 5-47　蔓叶类曲线对象选项卡

- **类型**：有"蔓叶""双扭""环索"三种类型，如图 5-48 所示。

图 5-48　蔓叶类曲线类型

- **宽度**：设置蔓叶类曲线的生长宽度。

- **张力**：设置曲线之间张力伸缩的大小，只能用于控制"蔓叶"和"环索"两种类型的曲线。

11. 齿轮

操作步骤：执行主菜单→创建→样条→齿轮 ⬡ 齿轮，可绘制一条齿轮曲线。齿轮对象选项卡参数设置如图 5-49 所示。

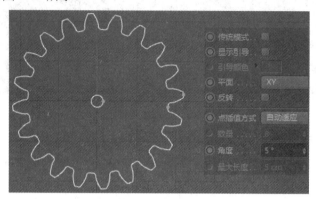

图 5-49 齿轮对象选项卡

- **齿**：设置齿轮的数量。
- **内部半径/中间半径/外部半径**：分别设置齿轮内部、中间和外部的半径。
- **斜角**：设置齿轮外侧斜角角度的大小。

12. 摆线

操作步骤：执行主菜单→创建→样条→摆线 ◯ 摆线，可绘制一条摆线。摆线对象选项卡参数设置如图 5-50 所示。

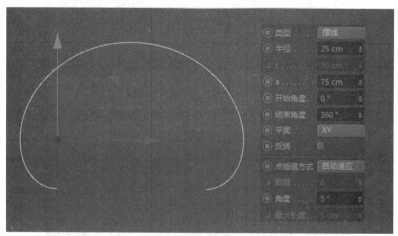

图 5-50 摆线对象选项卡

- **类型**：分为"摆线""外摆线"和"内摆线"三种类型。
- **半径/r/a**：在绘制"摆线"时，"半径"代表动圆的半径，"a"代表固定点与动圆半径的距离；当摆线类型为"外摆线"和"内摆线"时，"r"才能被激活，此时"半径"代表固定圈的半径，"r"代表动圆的半径，"a"代表固定点与动圆半径的距离。

- **开始角度/结束角度**：设置摆线轨迹的起始点和结束点。

注意：一个动圆沿着一条固定的直线或者固定的圈缓慢滚动时，动圆上一个固定点所经过的轨迹就称为摆线，摆线是数学中非常迷人的曲线之一。

---

13. 公式

操作步骤：执行主菜单→创建→样条→公式 ，可绘制一条公式曲线。公式对象选项卡参数设置如图 5-51 所示。

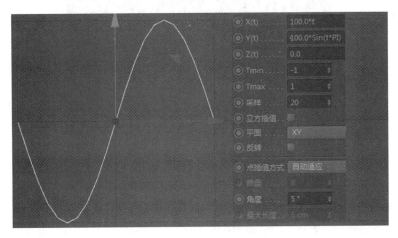

图 5-51　公式对象选项卡

- **X(t)/Y(t)/Z(t)**：在这三个参数的本文框内输入数学函数公式后，系统将根据公式生成曲线。
- **Tmin/Tmax**：用于设置公式中 t 参数的最小值和最大值。
- **采样**：用于设置曲线的采样精度。
- **立方插值**：勾选该项后，曲线将变得平滑。

14. 花瓣

操作步骤：执行主菜单→创建→样条→花瓣 ，可绘制一条花瓣曲线。花瓣对象选项卡参数设置如图 5-52 所示。

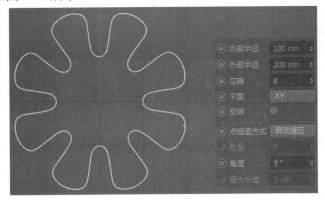

图 5-52　花瓣对象选项卡

- **内部半径/外部半径**：用于设置花瓣曲线内部和外部的半径。
- **花瓣**：用于设置花瓣的数量。

15. 轮廓

操作步骤：执行主菜单→创建→样条→轮廓 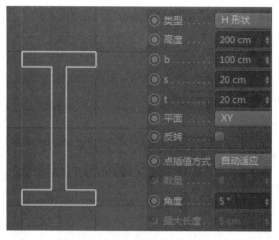，可绘制一条轮廓曲线。轮廓对象选项卡参数设置如图5-53所示。

图 5-53　轮廓对象选项卡

- **类型**：轮廓有五种类型，分别为"H形状""L形状""T形状""U形状""Z形状"，如图 5-54 所示。

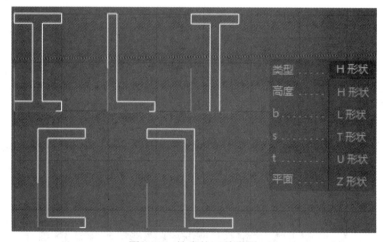

图 5-54　轮廓的五种类型

- **高度/b/s/t**：这四个参数分别用于控制轮廓曲线的高度和各部分的宽度。

5.3　课堂案例

案例一：用圆柱制作电池

本案例的电池模型是由不同尺寸的圆柱拼凑而成的，模型效果如图5-55所示。

图 5-55　电池模型效果图

具体操作步骤如下：

(1) 单击"圆柱"按钮 <!-- icon -->在场景中创建一个圆柱，然后在"对象属性"选项卡中设置"半径"为 10 cm，"高度"为 30 cm，如图 5-56 所示。

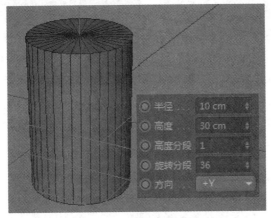

图 5-56　创建一个圆柱

(2) 在场景中创建一个圆柱，然后在"对象属性"选项卡中设置"半径"为 10.5 cm，"高度"为 2 cm，如图 5-57 所示。接着在"封顶"选项卡中勾选"圆角"选项，再设置"分段"为 5，"半径"为 0.5 cm，最后将修改好的圆柱放置在图 5-57 所示的位置上。

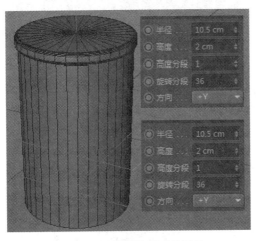

图 5-57　设置圆柱的对象属性

(3) 按住 Ctrl 键沿 Y 轴向下复制一份步骤(2)创建的圆柱，位置如图 5-58 所示。

(4) 创建一个圆柱，然后在"对象属性"选项卡中设置"半径"为 5 cm、"高度"为 1 cm，如图 5-59 所示的位置。

图 5-58　复制圆柱

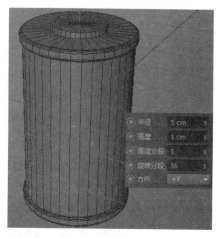

图 5-59　设置圆柱半径

(5) 创建一个圆柱，然后在"对象属性"选项卡中设置"半径"为 2.5 cm，"高度"为 0.5 cm，接着将其摆放在步骤(4)创建的圆柱上方，电池的最终效果如图 5-60 所示。

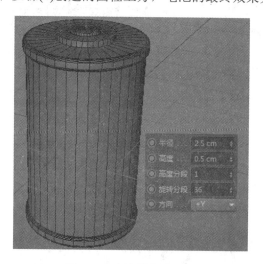

图 5-60　电池最终效果图

案例二：用球体制作台灯

本案例的台灯模型是由半球和圆锥拼凑而成的，模型效果如图 5-61 所示。

图 5-61　台灯效果图

具体操作步骤如下：

(1) 单击"球体"按钮，在场景中创建一个球体，然后在"对象属性"选项中设置"半径"为 100 cm，"分段"为 24，"类型"为"半球体"，如图 5-62 所示。

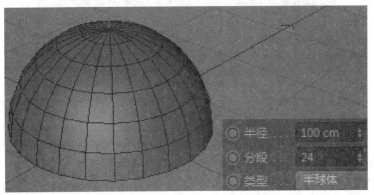

图 5-62　设置球体为半球体

(2) 由于半球体没有厚度，不符合现实中的灯罩，所以需要再执行"模拟→布料→布料曲面"菜单命令，此时在"对象"面板中出现"布料曲面"的图标，如图 5-63 所示。

(3) 在"对象"面板中选中"球体"选项，然后拖到其子层级，如图 5-64 所示。

图 5-63　添加布料曲面　　　　　　　图 5-64　拖动球体为子层级

(4) 选中"布料曲面"选项，然后在"对象属性"选项卡中设置"厚度"为 2 cm，半球体此时就有了厚度，如图 5-65 所示。

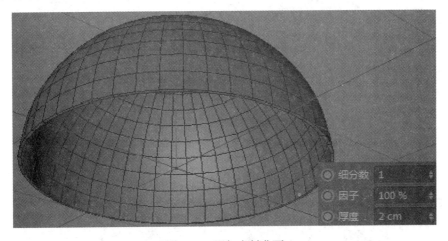

图 5-65　添加布料曲面

(5) 单击"圆锥"按钮，在场景中创建一个圆锥，然后在"对象属性"选项卡中设置"顶部半径"为 20 cm，"底部半径"为 70 cm，"高度"为 150 cm，如图 5-66 所示。

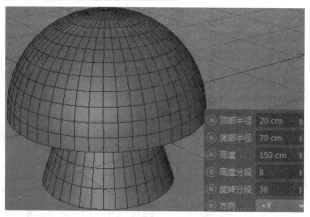

图 5-66　设置圆锥对象属性

(6) 在"封顶"选项中勾选"底部"选项，然后设置"半径"为 65 cm，"高度"为 40 cm，台灯的最终效果如图 5-67 所示。

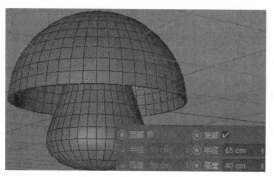

图 5-67　台灯最终效果图

课后练习

1. 运用参数几何体模型，参照图 5-68 制作沙发和桌子三维模型。

图 5-68　沙发和桌子三维模型

2. 运用样条线制作一些图标形状，如图 5-69 所示。

图5-69　图标形状

第 6 章　NURBS 建模

本章主要详述 C4D 中 NURBS 建模的常用建模方法，包括平滑细分(Hyper-NURBS)、挤压 NURBS、旋转 NURBS、放样 NURBS、扫描 NURBS、贝塞尔 NURBS 等。通过本章的学习，可以熟练采用 NURBS 建模方法创建简单的三维模型。

非均匀有理样条曲线(Non-Uniform Rational B-Splines，NURBS)是大部分三维软件所支持的一种优秀的建模方式，它能够很好地控制物体表面的曲线度，从而创建出更逼真、生动的造型。

C4D 提供的 NURBS 建模方式分为平滑细分(HyperNURBS)、挤压 NURBS、旋转 NURBS、放样 NURBS、扫描 NURBS 和贝塞尔 NURBS 六种，如图 6-1 所示。

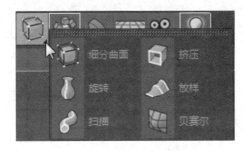

图 6-1　NURBS 六种建模方式

6.1　平　滑　细　分

平滑细分 ![平滑细分 (HyperNURBS)] 是非常强大的三维设计雕刻工具之一，通过为平滑细分(Hyper NURBS)对象上的点、边添加权重，以及对表面进行细分来制作出精细的模型。

执行主菜单→创建→NURBS→平滑细分，会在场景中创建一个平滑细分对象。再创建一个立方体对象，现在两者之间是互不影响的，它们之间没有建立任何关系。如果想让平滑细分命令对立方体对象产生作用，就必须让立方体对象成为平滑细分对象的子对象。产生作用之后的立方体就会变得圆滑，并且其表面会被细分，如图 6-2 所示。

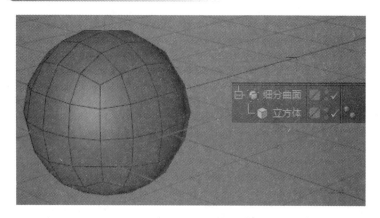

图 6-2　平滑细分建立关系的效果

注意：在 C4D 中，无论是 NURBS 工具、造型工具还是变形器工具，它们都不会直接作用在模型上，而是以对象的形式显示在场景中，如果想为模型对象施加这些工具，就必须使这些模型对象和工具对象形成层级关系。

- **编辑器细分**：该参数控制视图中编辑模型对象的细分程度，也就是只影响显示的细分数，如图 6-3 所示。

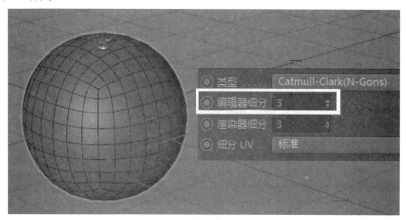

图 6-3　编辑器细分效果

- **渲染器细分**：该参数控制渲染时显示出的细分程度，也就是只影响渲染结果的细分数。

注意：渲染器细分参数修改后必须在图片查看器 中才能观察到渲染后的真实效果，不能用渲染当前视图 的方法查看到。

6.2　挤压 NURBS

挤压 NURBS 是针对样条线建模的工具，可将二维曲线挤出成为三维模型。执行主菜单→创建→NURBS→挤压 NURBS，会在场景中创建一个挤压 NURBS 对象。

再创建一个花瓣样条对象，让花瓣样条对象成为挤压 NURBS 对象的子对象，即可将花瓣样条挤压成为三维的花瓣模型，如图 6-4 所示。

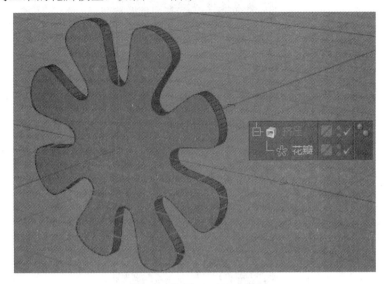

图 6-4　挤压 NURBS 效果

- **移动**：该参数包含三个数值的输入框，从左至右依次代表在 X 轴上的挤出距离、在 Y 轴上的挤出距离和在 Z 轴上的挤出距离，如图 6-5 所示。

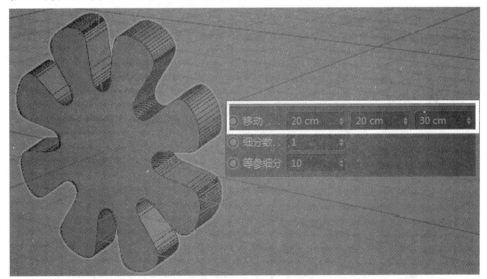

图 6-5　挤压 NURBS 的移动选项

- **细分数**：控制挤压对象在挤压轴上的细分数量。
- **等参细分**：执行视图菜单栏→显示→等参线，可以发现该参数控制等参线的细分数量。
- **反转法线**：该选项用于反转法线的方向。
- **层级**：勾选该项后，如果将挤压过的对象转换为可编辑多边形对象，那么该对象将按照层级进行划分显示。

挤压 NURBS 的封顶选项卡参数设置如图 6-6 所示。

- **封顶圆角**：使用该选项可以为对象添加圆角效果，使操作结果更加平滑和真实。

图 6-6　挤压 NURBS 的封顶选项

- **顶端/末端**：这两个参数都包含了"无""封顶""圆角""圆角封顶"四个选项，如图 6-7 所示。

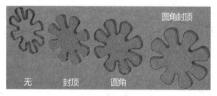

图 6-7　设置顶端/末端参数

- **步幅/半径**：这两个参数分别控制圆角处的分段数和圆角半径，如图 6-8 所示。

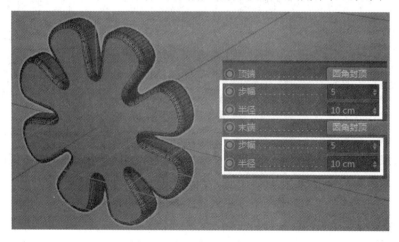

图 6-8　设置步幅/半径参数

- **圆角类型**：该参数可对"圆角"和"圆角封顶"这两个类型进行设置，包括"线性""凸起""凹陷""半圆""1 步幅""2 步幅"和"雕刻"七种类型。
- **平滑着色(Phong)角度**：设置相邻多边形之间的平滑角度，数值越低相邻多边形之间越硬化，默认参考为 60°。
- **外壳向内**：设置挤压轴上的外壳是否向内，如图 6-9 所示。

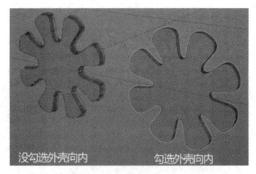

图 6-9　设置外壳向内参数

- **穿孔内向**：当挤压的对象上有穿孔时，可设置穿孔是否向内。
- **约束**：以原始样条作为外轮廓。
- **类型**：该参数包含了"N-gons"和"三角形""四边形"三种类型，如图 6-10 所示。

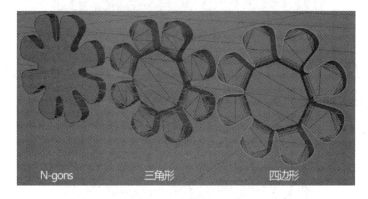

图 6-10　三种封顶类型

- **平滑着色(Phong)**：平滑着色(Phong)选项卡如图 6-11 所示。

基本	坐标	对象	封顶	平滑着色(Phong)

平滑着色(Phong)

▶基本属性

▼标签属性

◎ 角度限制............ ✔

◎ 平滑着色(Phong)角度　60°　　▲▼

◎ 使用边断开.......... ✔

删除标签

图 6-11　挤压 NURBS 的平滑着色选项

6.3 旋转 NURBS

旋转 NURBS 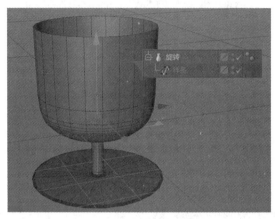可将二维曲线围绕 Y 轴旋转生成三维的模型。 执行主菜单→创建→NURBS→旋转 NURBS，会在场景中创建一个旋转 NURBS 对象，再创建一个样条对象，让样条对象成为旋转 NURBS 对象的子对象，就能使该样条围绕 Y 轴旋转生成一个三维的模型，如图 6-12 所示。

图 6-12　旋转 NURBS 效果

注意：创建样条对象时最好在二维视图中创建，以便能更好地把握模型的精准度。

- **角度**：控制旋转对象围绕 Y 轴旋转的角度，如图 6-13 所示。

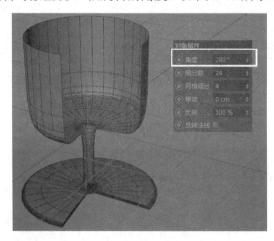

图 6-13　旋转 NURBS 的角度选项

- **细分数**：该参数定义旋转对象的细分数量。
- **网格细分**：用于设置等参线的细分数量。
- **移动/比例**：移动参数用于设置旋转对象绕 Y 轴旋转时纵向移动的距离；比例参数用于设置旋转对象绕 Y 轴旋转时移动的比例，如图 6-14 所示。

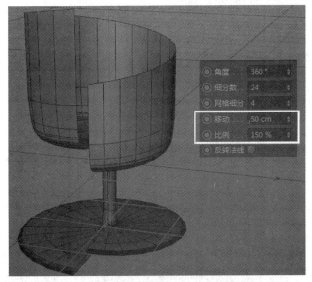

图 6-14　旋转 NURBS 的移动/比例选项

6.4　放样 NURBS

　　放样 NURBS 可根据多条二维曲线的外边界搭建曲面，从而形成复杂的三维模型。执行主菜单→创建→NURBS→放样 NURBS，会在场景中创建一个放样 NURBS 对象。再创建多个样条对象，并让样条对象成为放样 NURBS 对象的子对象，即可让这些样条生成复杂的三维模型，如图 6-15 所示。

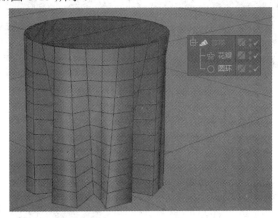

图 6-15　放样 NURBS 的效果图

　　• **网孔细分 U/网孔细分 V/网格细分 U**：前两个参数分别设置网孔在 U 方向(沿圆周的截面方向)和 V 方向(纵向)的参数，网格细分 U 设置等参线的细分数量，如图 6-16 所示。

　　• **有机表格**：未勾选状态下，放样时是通过样条上的各对应点来构建模型；如果勾选该项，放样时就会自由、有机地构建模型形态。

　　• **每段细分**：勾选该项后，V 方向(纵向)上的网孔细分就会根据设置的"网孔细分 V"中的参数均匀细分。

- **循环**：勾选该项后，两条样条将连接在一起，如图 6-17 所示。
- **线性插值**：勾选该项后，在样条之间将使用线性插值。

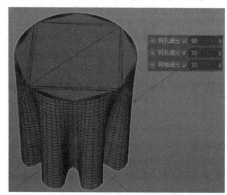

图 6-16　放样 NURBS 的网孔细分 U/网孔细分 V/网格细分 U 选项

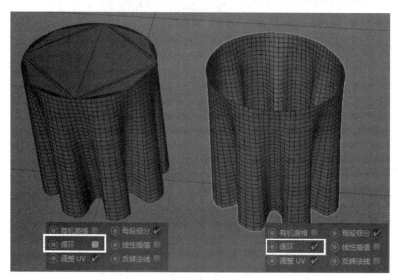

图 6-17　循环选项

6.5　扫描 NURBS

扫描 NURBS 可以将一个二维图形的截面，沿着某条样条路径移动形成三维模型。执行主菜单→创建→NURBS→扫描 NURBS，就会在场景中创建一个扫描 NURBS 对象。再创建两个样条对象，一个充当截面，另一个充当路径，让这两个样条对象成为扫描 NURBS 对象的子对象，即可扫描生成一个三维模型，如图 6-18 所示。

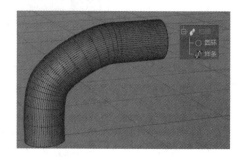

图 6-18　扫描 NURBS 效果

注意：两个样条成为扫描 NURBS 对象的子对象时，代表截面的样条在上、路径的样条在下。

- **网格细分：**设置等参线的细分数量。
- **终点缩放：**设置扫描对象在路径终点的缩放比例，如图 6-19(a)和(b)所示。

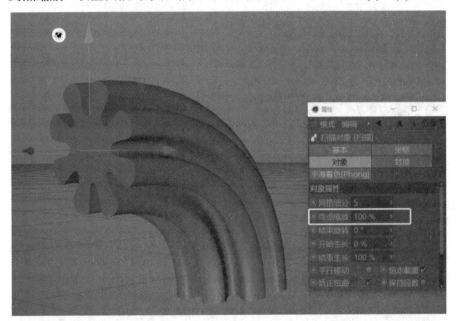

(a)

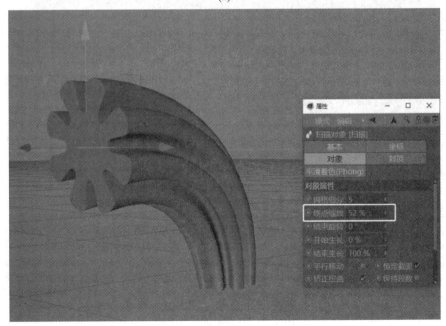

(b)

图 6-19　设置终点缩放参数

- **结束旋转**：设置对象到达路径终点时的旋转角度，如图 6-20(a)和(b)所示。

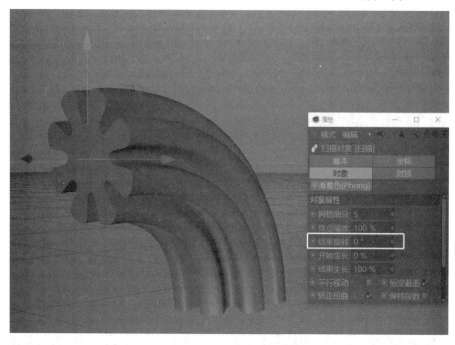

(a)

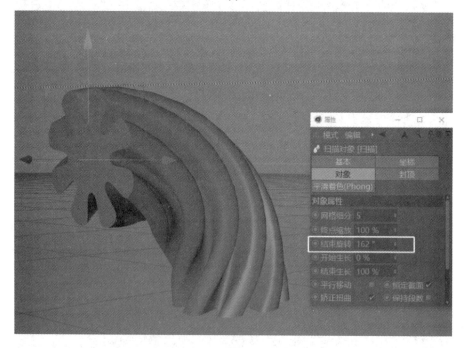

(b)

图 6-20　设置结束旋转参数

- **开始生长/结束生长**：这两个参数分别设置扫描对象沿路径移动形成三维模型的起点和终点，如图 6-21(a)和(b)所示。

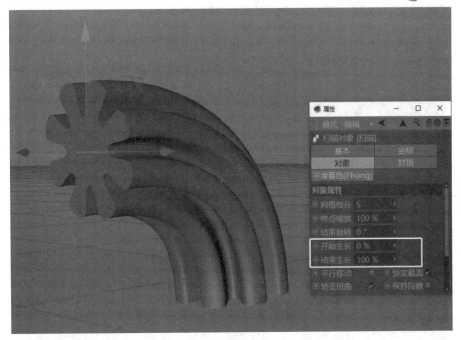

(a)

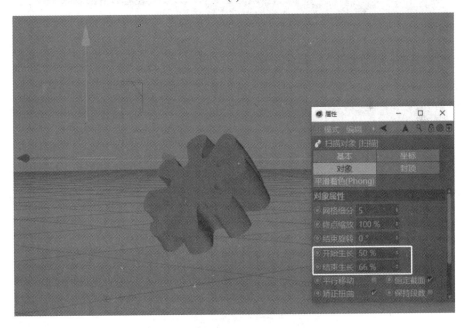

(b)

图 6-21　设置开始生长/结束生长参数

- **细节**：该选项组包含"缩放"和"旋转"两组表格，在表格的左右两侧分别有两个小圆点，左侧的小圆点控制扫描对象起点处的缩放和旋转程度，右侧的小圆点控制扫描对象终点处的缩放和旋转程度。另外，可以在表格中按住 Ctrl 键并单击添加小圆点来调整模型的不同形态。如果想删除多余的点，只需将该点向右上角拖曳出表格即可，如图 6-22(a)和(b)所示。

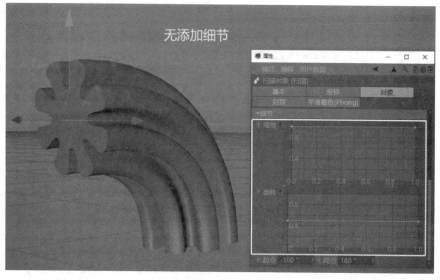

(a)

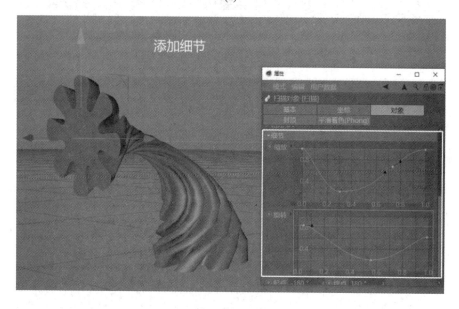

(b)

图 6-22   设置细节参数

6.6   贝塞尔 NURBS

　　贝塞尔 NURBS　　　　　与其他 NURBS 命令不同，它不需要任何子对象，就能创建出三维模型。执行主菜单→创建→NURBS→贝塞尔 NURBS，会在场景中创建一个贝塞尔 NURBS 对象，它在视图中显示的是一个曲面，对曲面进行编辑和调整，从而形成想要的三维模型，如图 6-23 所示。

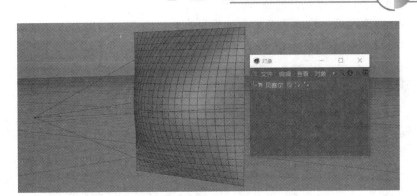

图 6-23 贝塞尔 NURBS 效果

- **水平细分/垂直细分**：这两个参数分别设置在曲面的 X 轴方向和 Y 轴方向上的网格细分数量，如图 6-24(a)和(b)所示。

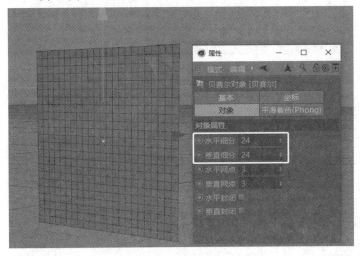

(a)

(b)

图 6-24 设置水平细分/垂直细分参数

水平网点/垂直网点：这两个参数分别设置在曲面的 X 轴方向和 Y 轴方向上的控制点数量，如图 6-25(a)和(b)所示。

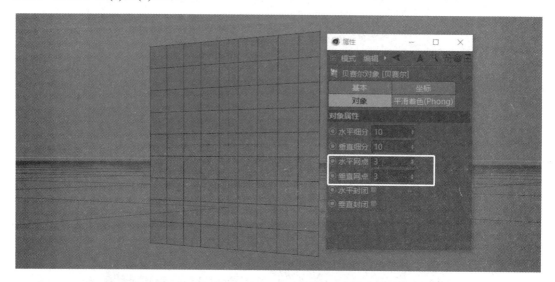

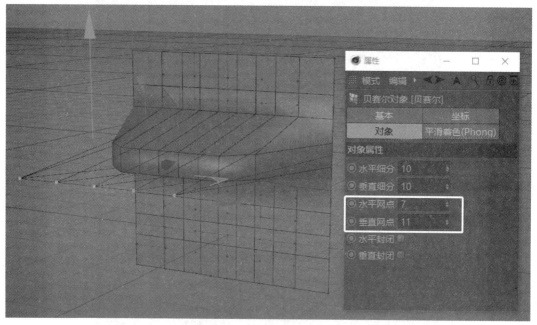

图 6-25　设置水平网点/垂直网点参数

注意："水平网点"和"垂直网点"是贝塞尔 NURBS 对象比较重要的参数，通过移动这些控制点，可以对曲面的形态做出调整，它与对象转化为可编辑多边形对象之后的点元素是不同的。

• **水平封闭/垂直封闭**：这两个选项分别用于在 X 轴方向和 Y 轴方向上的封闭曲面，常用于制作管状物体，如图 6-26(a)、(b)、(c)和(d)所示。

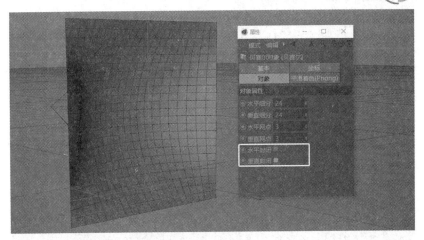

(a)

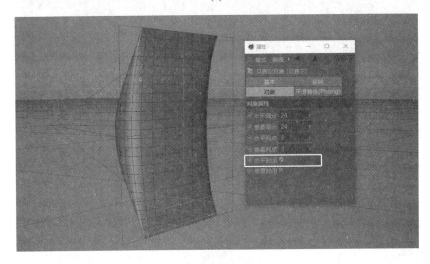

(b)

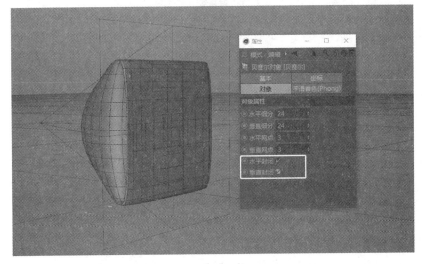

（c）

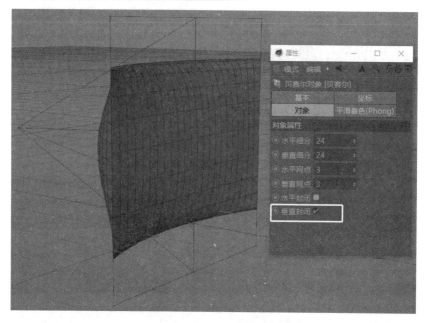

(d)

图 6-26   设置水平封闭/垂直封闭参数

6.7   课 堂 案 例

案例一：用旋转方法制作饮料瓶模型

饮料瓶的效果图如图 6-27 所示。

图 6-27   饮料瓶效果图

(1) 进入正视图，把素材图片直接拖到正视图中，按快捷键 Shift+V 打开视窗参数页，单击背景页，把透明改为 50%，如图 6-28 所示。

图 6-28　导入素材图片

(2) 点击画笔工具，在正视图中按照饮料瓶绘出半边图形轮廓，绘完后按空格键结束绘制，如图 6-29 所示。

(3) 进入点模式，选择移动工具，对样条线的点进行调整，使之与背景图表外轮廓一致，如图 6-30 所示。

图 6-29　绘制半边图形轮廓

图 6-30　调整样条线

(4) 选择样条线，右键选择创建轮廓，鼠标往左拖动一小段距离(约 5 cm)，创建内部轮廓，调整轮廓两端的点垂直对齐，如图 6-31 所示。

图 6-31　创建内部轮廓

(5) 执行主菜单→创建→NURBS→旋转 NURBS步骤后，在场景中创建一个旋转 NURBS 对象，把轮廓线作为旋转 NURBS 对象的子对象，制作瓶子的三维模型，最终效果如图 6-32 所示。

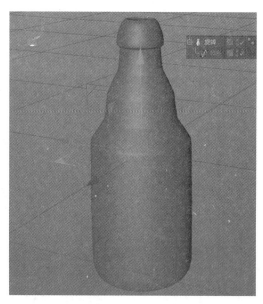

图 6-32　饮料瓶最终效果图

案例二：用画笔工具绘制玻璃杯

本案例的玻璃杯是由"画笔"工具和"旋转"生成器这两个工具配合制作而成的，案例效果如图 6-33 所示。

(1) 在正视图中，用"画笔"工具绘制玻璃杯的横截面，如图 6-34 所示。绘制完成后按 Esc 键取消绘制。

(2) 切换到"框选"工具，然后选中如图 6-35 所示的点。

图 6-33　玻璃杯效果图

(3) 单击鼠标右键，然后在弹出的菜单中选择"倒角"选项，如图 6-36 所示。

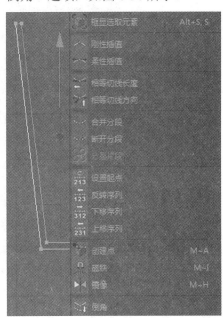

图 6-34　绘制玻璃杯的横截面　　图 6-35　框选点　　　　图 6-36　使用倒角命令

(4) 在右侧的"属性"面板中，设置"半径"为 6 cm，此时横截面效果如图 6-37 所示。

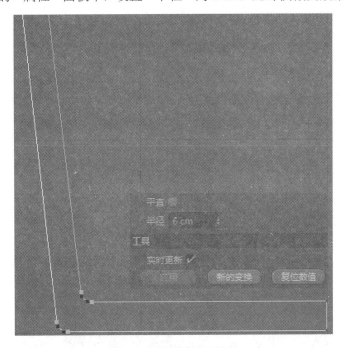

图 6-37　倒角横截面效果

(5) 单击"模型"按钮，退出编辑状态，然后单击"旋转"按钮，接着在"对象"面板中，将"样条"放置于"旋转"的下方，成为其子层级。此时样条线效果如图 6-38 所示。

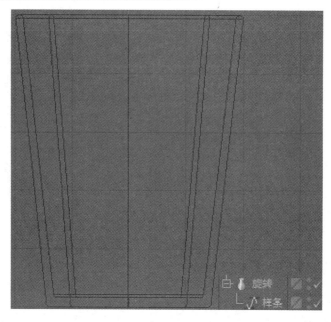

图 6-38   使用旋转命令

(6) 仔细观察发现杯子底部没有完全合并。选中"样条"选项，然后移动样条线的位置，使其完全合并，杯子最终效果如图 6-39 所示。

图 6-39   杯子最终效果图

案例三：用文本工具制作灯牌

本案例的灯牌由文本、"挤压"生成器和立方体三部分组成，模型效果如图 6-40 所示。

图 6-40   灯牌效果图

(1) 在前视图中单击"文本"按钮 <kbd>T 文本</kbd>，然后在"对象属性"选项卡的"文本"输入框内输入 Cinema4D，接着设置"字体"为 Harrington，再设置"高度"为 200 cm，最后设置"水平间隔"为 4 cm，具体参数设置及模型效果如图 6-41 所示。

图 6-41　输入文本及设置参数

(2) 勾选"显示 3D 界面"选项，然后单独调整每个字母的位置和大小，效果如图 6-42 所示。

图 6-42　调整字母的位置和大小

(3) 单击"模型"按钮，退出编辑状态，然后单击"挤压"按钮 ，添加"挤压"生成器，接着在"对象"面板中，将"文本"放置于"挤压"之下作为子层级，最后设置"挤压"的"移动"为 10 cm，具体参数设置及模型效果如图 6-43 所示。

图 6-43　添加"挤压"生成器

(4) 切换到"封顶"层级，然后设置"顶端"为"圆角封顶"，"半径"为 2 cm，模型参数及效果如图 6-44 所示，这样就为字体模型添加了倒角效果。

图 6-44　设置封顶参数

（5）使用"立方体"工具，创建灯牌的背板，设置"立方体"的"尺寸.X"为1100 cm，"尺寸.Y"为300 cm，"尺寸.Z"为10 cm，然后勾选"圆角"选项，接着设置"圆角半径"为5 cm，"圆角细分"为5，再将修改好的立方体放置于字体模型后方，参数及效果图如图6-45所示。

图6-45　创建立方体及设置参数

（6）使用"球体"工具，创建球体作为背板的装饰，设置"球体"的半径为10 cm，"类型"为"半球体"，如图6-46所示。

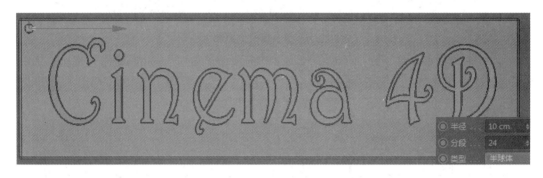

图6-46　创建球体

（7）将半球体进行复制，并装饰背板，灯牌的最终效果如图6-47所示。

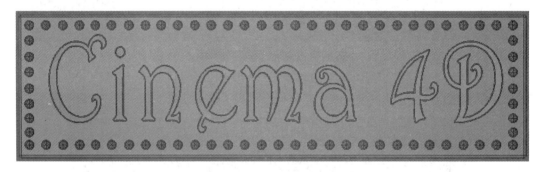

图6-47　灯牌最终效果图

案例四：用"挤压"生成器制作书签

本案例的书签模型是由矩形、圆环和"挤压"生成器制作而成的，模型效果如图6-48所示。

图 6-48　书签效果图

（1）在正视图中，单击"矩形"按钮 ▣ 矩形，在场景中创建一个矩形，然后在"对象属性"选项卡中设置"宽度"为 200 cm、"高度"为 500 cm，接着勾选"圆角"选项，再设置"半径"为 30 cm，如图 6-49 所示。

（2）单击"圆环"按钮 ◯ 圆环，在场景中创建一个圆形，然后在"对象属性"选项中设置"半径"为 10 cm，如图 6-50 所示。

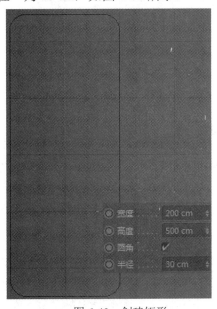

图 6-49　创建矩形

图 6-50　创建圆环

（3）选中两个绘制的样条线，然后长按"画笔"按钮 ✐，接着在弹出的面板中单击"样条差集"按钮 ▢ 样条差集，此时两个样条线合并成为一个样条线，如图 6-51 所示。

（4）选中修改好的样条线，然后单击"挤压"按钮 ▣ 挤压，接着在"对象"面板中，将"矩形"样条放置于"挤压"生成器选项下，如图 6-52 所示。

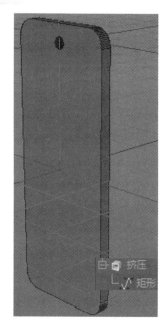

图 6-51　合并样条线　　　　　　　　图 6-52　使用"挤压"命令

（5）书签模型的厚度不合适，需要在"对象属性"选项卡中调整。在"对象属性"选项卡中设置"移动"为 2 cm，如图 6-53 所示。

（6）模型的边缘过于锐利，在"封顶圆角"选项卡中设置"顶端"为"圆角封顶"，"步幅"为 1，"半径"为 1 cm，"圆角类型"为"凸起"，接着勾选"约束"选项，书签最终效果如图 6-54 所示。

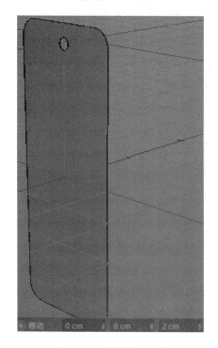

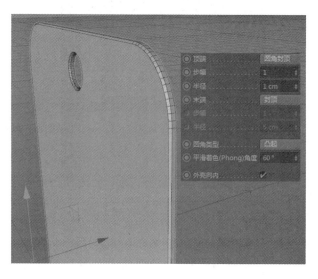

图 6-53　设置移动参数　　　　　　　　图 6-54　书签最终效果图

案例五：用"扫描"生成器制作传送带

本案例的传送带模型是由不同尺寸的矩形、圆柱和"扫描"生成器制作而成的，模型效果如图 6-55 所示。

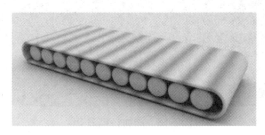

图 6-55　传送带效果图

(1) 单击"矩形"按钮，在场景中创建一个矩形，然后在"对象属性"选项中设置"宽度"为 400 cm，"高度"为 40 cm，接着勾选"圆角"选项，再设置"半径"为 20 cm，如图 6-56 所示，这个矩形代表传送带的路径。

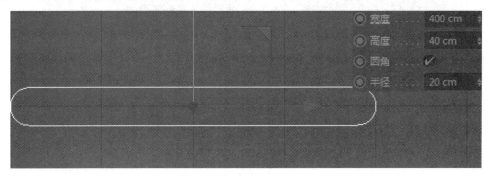

图 6-56　创建一个矩形

(2) 在场景中创建一个矩形，然后在"对象属性"选项卡中设置"宽度"为 5 cm，"高度"为 160 cm，接着勾选"圆角"选项，再设置"半径"为 2.5 cm，如图 6-57 所示。这个矩形代表传送带的宽度和高度。

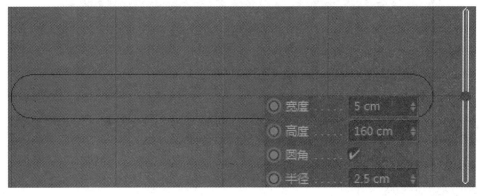

图 6-57　调整矩形的对象属性

(3) 单击"扫描"按钮，然后在"对象"面板中将"矩形"和"矩形 1"选中，放置在"扫描"的下方，此时模型效果如图 6-58 所示。

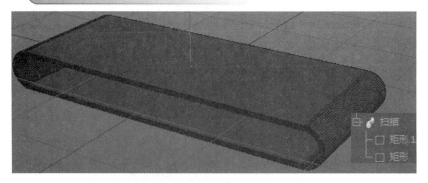

图 6-58　添加扫描命令

(4) 在场景中创建一个圆柱作为传送带的滚轮，然后设置圆柱的"半径"为 16 cm，"高度"为 150 cm，"方向"为 + Z，接着在"封顶"选项卡中勾选"圆角"选项，并设置"分段"为 5，"半径"为 3 cm，如图 6-59 所示。

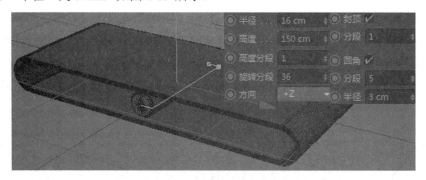

图 6-59　制作滚轮

(5) 将圆柱进行复制并摆放至合适位置，传送带的最终效果如图 6-60 所示。

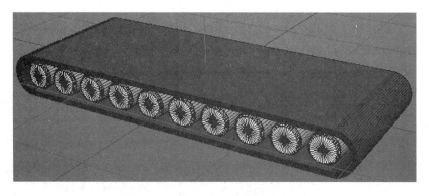

图 6-60　传送带最终效果图

课后练习

(1) 使用 NURBS 建模中的挤压命令，制作如图 6-61 所示的英文三维模型。

图 6-61　英文三维模型

(2) 使用 NURBS 建模中的旋转命令，制作如图 6-62 所示的红酒瓶和酒杯模型。

图 6-62　红酒瓶和酒杯模型

(3) 使用 NURBS 建模中的旋转命令，制作如图 6-63 所示的烛台模型。

图 6-63　烛台模型

(4) 使用 NURBS 建模中的旋转命令，制作如图 6-64 所示的栏杆模型。

图6-64　栏杆模型

第 7 章　造型工具组

　　　本章主要详述 C4D 中造型工具组的基本概念和主要应用，包括阵列、晶格、布尔等九种造型工具使用方法及相应属性详解等。通过本章的学习，可以熟悉 C4D 造型工具组的属性，并可灵活应用到常用的建模方法中。

　　C4D 中的造型工具非常强大，可以自由组合出各种不同的效果，其操控性和灵活性是其他三维软件无法比拟的。造型工具的基本功能如图 7-1 所示。

图 7-1　C4D 中九大造型工具

注意：造型工具必须和几何体连用，单独使用无效。

7.1　阵　列

　　阵列是指在三维空间中复制和排列一个或多个对象的过程。使用阵列可以在 3D 场景中创建出一系列相同或相似的对象，可用于创建规律性的图案和组合，也可以用于模拟重复性的物体、模式和结构。执行主菜单→创建→造型→阵列，创建一个阵列对象，再新建一个参数化几何体(这里用宝石来举例)，将宝石对象作为阵列对象的子对象，如图 7-2 所示。阵列对象选项卡参数设置如图 7-3 所示。

图 7-2　阵列对象

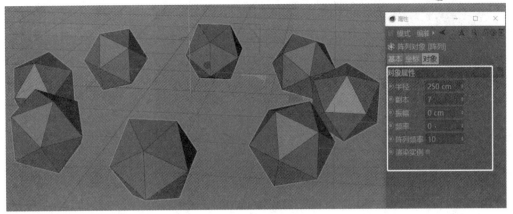

图 7-3　阵列对象选项卡

- **半径/副本**：设置阵列的半径大小和阵列中物体的数量多少，如图 7-4(a)和(b)所示。

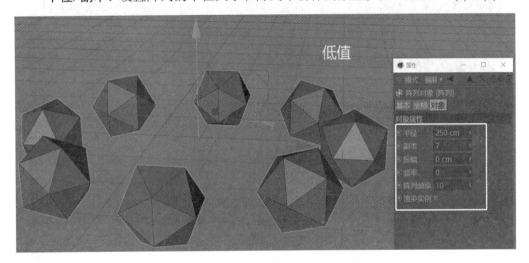

(a)

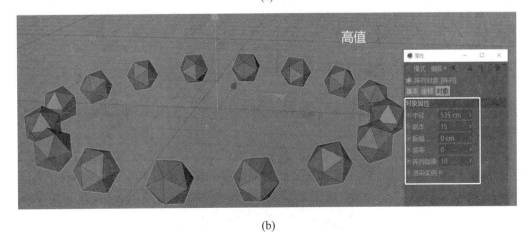

(b)

图 7-4　设置半径/副本参数

- **振幅/频率**：阵列波动的范围和快慢(播放动画时才有效果)，如图 7-5(a)和(b)所示。

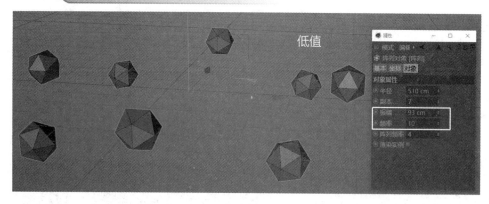

(a)

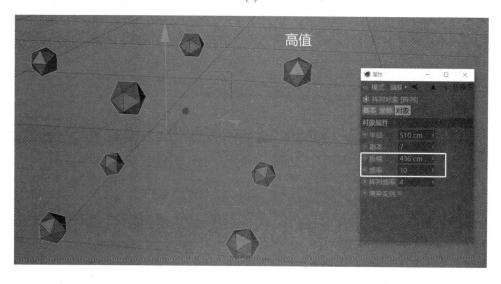

(b)

图 7-5　设置振幅/频率参数

- **阵列频率**：阵列中每个物体波动的范围，需要与振幅和频率结合使用。

7.2　晶　　格

　　晶格是指一种几何形状，通常用于表示固体物体的分子结构、晶体结构或晶格结构。晶格通常由一系列排列有序的球体、立方体或其他几何体构成，这些几何体之间的间距、角度和连接方式等特征是固体物体的重要属性之一。执行主菜单→创建→造型→晶格，创建一个晶格对象，再创建一个宝石，将宝石对象作为晶格对象的子对象，如图 7-6 所示。

图 7-6　晶格对象

晶格对象选项卡参数设置如图 7-7 所示。

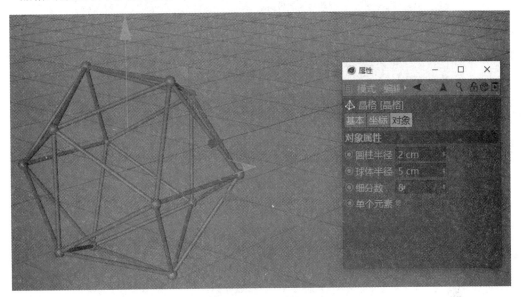

图 7-7 晶格对象选项卡

- **圆柱半径**：几何体上的样条变为圆柱，控制圆柱的半径大小。
- **球体半径**：几何体上的点变为球体，控制球体的半径大小。
- **细分数**：控制圆柱和球体的细分，如图 7-8(a)和(b)所示。

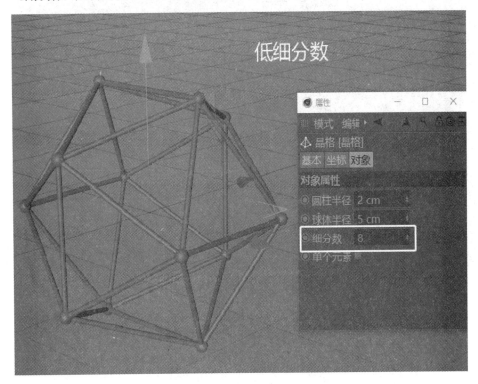

(a)

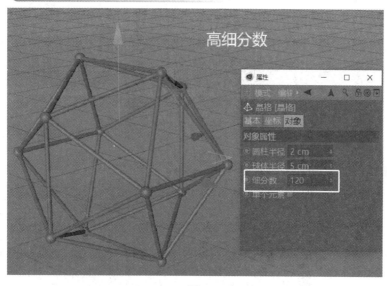

(b)

图 7-8　设置细分数

- **单个元素**: 勾选该项后，当晶格对象转化为多边形对象时，晶格会被分离成各自独立的对象，如图 7-9 所示。

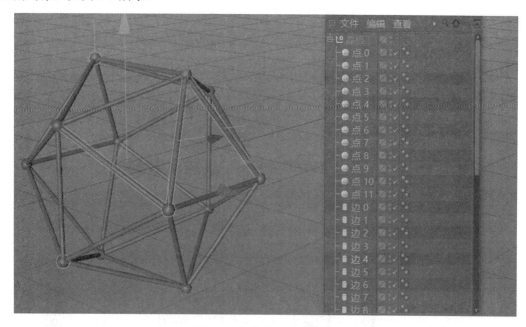

图 7-9　勾选单个元素效果

7.3　布　尔

布尔操作是一种常用的建模技术，可以将两个或多个几何体组合成一个新的几何体，通过将它们的交集、并集或差集等组合起来。具体来说，C4D 中的布尔操作可以使用"布尔"对象或"布尔"材质来实现。当两个或多个几何体重叠或交错时，使用"布尔"对象可以将它们组合成一个新的几何体，其形状取决于选择的操作类型(交集、并集或差集)。例如，可以使用布尔操作将一个圆柱体和一个立方体组合成一个新的几何体。此外，在 C4D 中还可以使用"布尔"材质来模拟布尔操作的效果，从而创建具有独特视觉效果的模型。通过将两种或多种材质组合在一起，并使用"布尔"材质中的控件来调整它们的属性和参数，可以创建出具有复杂形状和纹理的模型。布尔操作是 C4D 中常用的技术之一，它可以用于创建各种复杂的几何体，例如汽车、建筑物、机械零件等。在进行布尔操作时，需要注意几何体的重叠部分是否合理，并选择合适的操作类型，以确保模型的外观和性能都得到保证。执行主菜单→创建→造型→布尔，创建一个布尔对象。布尔需要两个以上的物体进行运算，这里创建一个立方体和一个球体来举例说明，如图 7-10 所示。

图 7-10　布尔对象

布尔对象选项卡参数设置如图 7-11 所示。

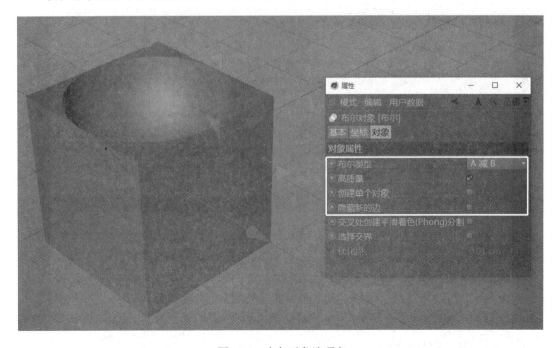

图 7-11　布尔对象选项卡

- **布尔类型**：提供了四种类型，分别通过"A 减 B""A 加 B""AB 交集""AB 补集"对物体之间进行运算，从而得到新的物体，如图 7-12(a)、(b)、(c)和(d)所示(这里 A 为立方体，

B 为球体)。

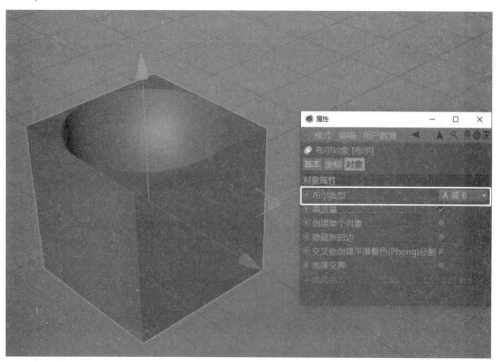

(a)

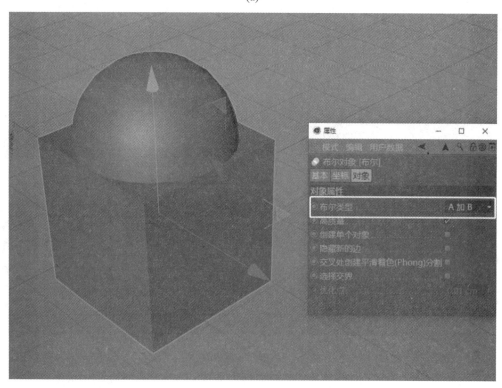

(b)

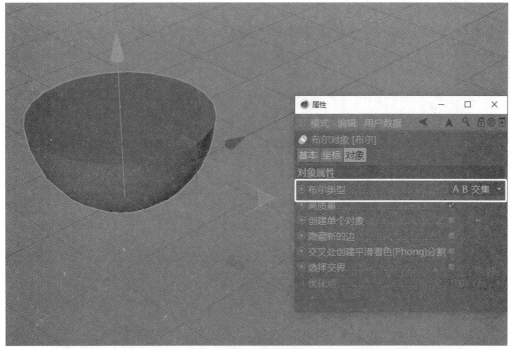

(c)

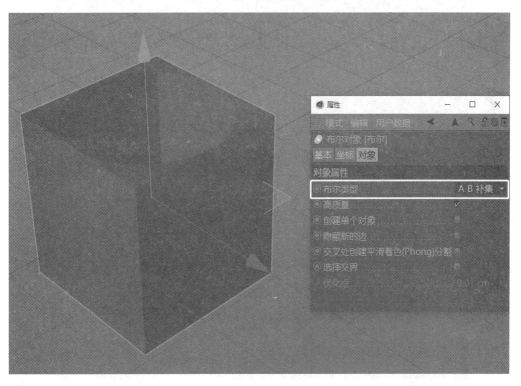

(d)

图 7-12 四种布尔类型

• **创建单个对象**：勾选该项后，当布尔对象转化为多边形对象时，物体被合并为一个整体，如图 7-13(a)和(b)所示。

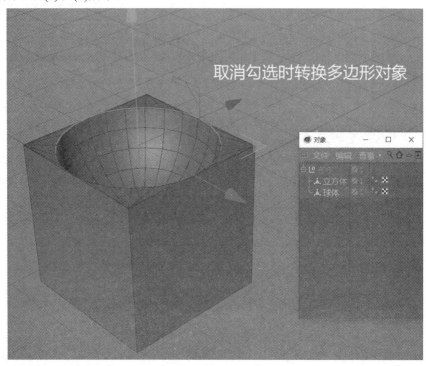

(a)

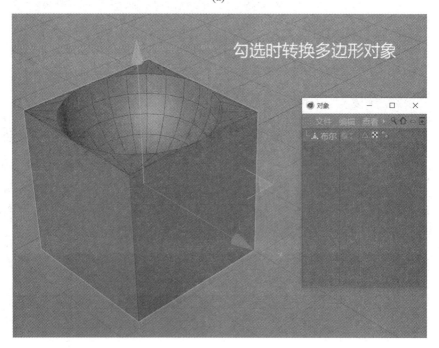

(b)

图 7-13　勾选创建单个对象选项

- **隐藏新的边**：布尔运算后，线的分布不均匀，勾选该项后，会隐藏不规则的线，如图 7-14(a)和(b)所示。

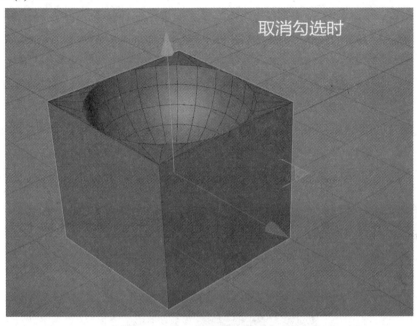

(a)

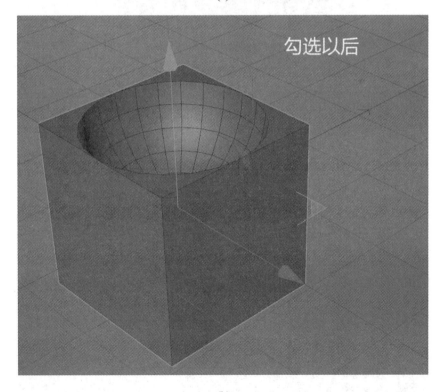

(b)

图 7-14　勾选隐藏新的边选项

· **交叉处创建平滑着色(Phong)分割**：对交叉的边缘进行圆滑，在遇到较复杂的边缘结构时才有效果。

· **优化点**：当勾选创建单个对象时，此项才能被激活，对布尔运算后物体对象中的点元素进行优化处理，删除无用的点(值较大时才会起作用)。

7.4 样条布尔

样条布尔是一种建模技术，它允许用户使用两个或多个模型对象之间的交集来创建一个新的模型对象。该技术通过对每个对象的表面进行分割，然后将它们组合起来实现这一目标。具体而言，样条布尔使用 NURBS 曲线和曲面来表示对象的表面，然后通过将它们进行操作来计算它们之间的交集。这种方法的优点是可以在不破坏对象形状的情况下进行布尔操作，并且可以生成更光滑和精细的结果。执行主菜单→创建→造型→样条布尔，创建一个样条布尔对象，由于样条布尔需要两个以上的样条才能运算，这里创建一个矩形样条和一个圆环样条来举例说明，如图 7-15 所示。

图 7-15　样条布尔对象

样条布尔对象选项卡参数设置如图 7-16 所示。

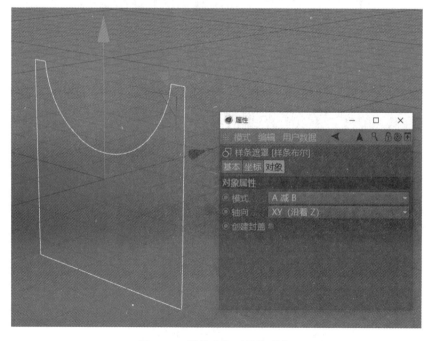

图 7-16　样条布尔对象选项卡

• **模式**：提供了四种模式，分别通过"合集""A 减 B""与""B 减 A"对样条曲线之间进行运算，从而得到新的样条曲线，如图 7-17(a)和(b)、图 7-18(a)和(b)所示(这里 A 为矩形样条，B 为圆环样条)。

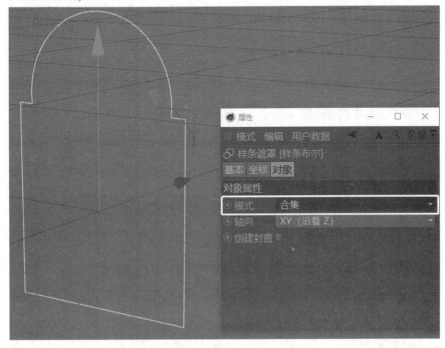

(a)

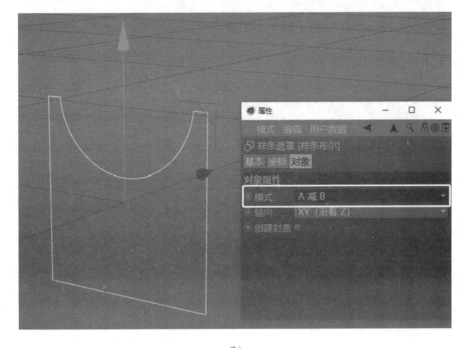

(b)

图 7-17 样条布尔的加减模式

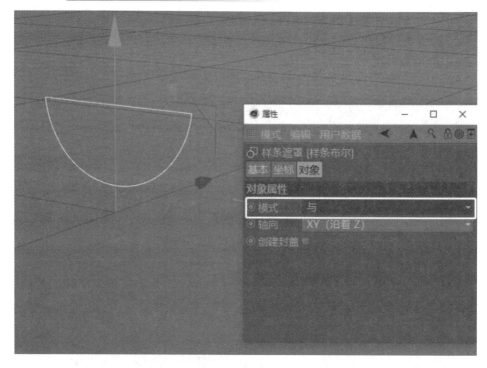

(a)

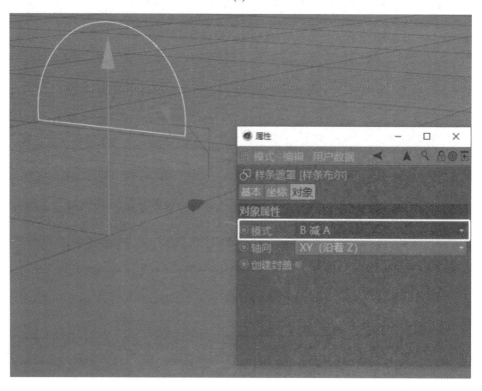

(b)

图 7-18   样条布尔的加减模式

- **创建封顶**：勾选该项后，样条曲线会形成一个闭合的面，如图 7-19(a)和(b)所示。

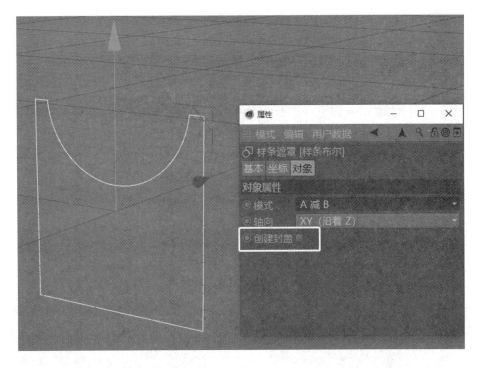

(a)

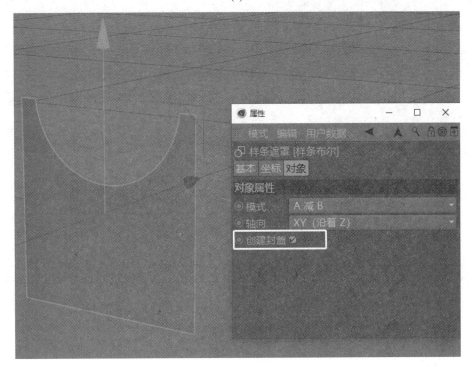

(b)

图 7-19 勾选创建封顶选项

7.5 连 接

连接指的是将两个或多个对象连接在一起以形成一个新的对象的过程。这种技术可以应用于多种情况，例如将多个物体组合成一个更大的物体、将多个边界连接在一起形成一个连续的边界等。执行主菜单→创建→造型→连接，创建一个连接对象，连接需要两个以上的物体才能运算，这里创建两个立方体来举例说明(尽量使用结构相似的两个物体进行连接)，如图 7-20 所示。

图 7-20　连接对象

连接对象选项卡参数设置如图 7-21 所示。

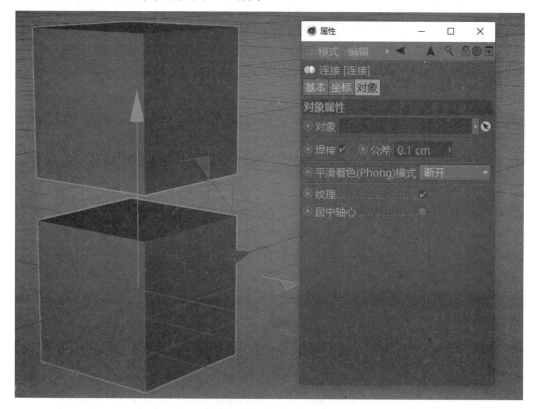

图 7-21　连接对象选项卡

- **焊接**：勾选该项后，才能对两个物体进行连接。
- **公差**：勾选焊接后，调整公差的数值，两个物体就会自动连接，如图 7-22(a)和(b)所示。

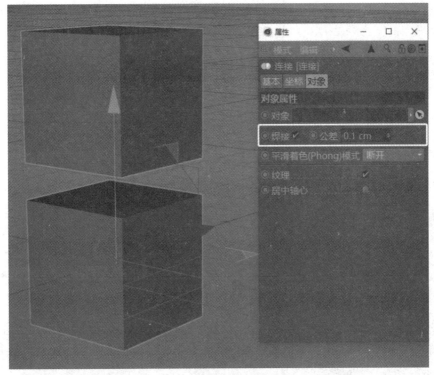

(a)

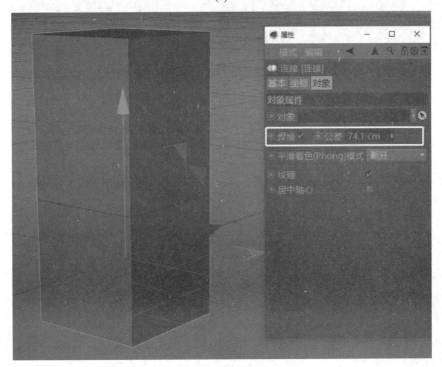

(b)

图 7-22　勾选焊接和公差选项

- **平滑着色（Phong）模式**：对接口处进行平滑处理。
- **居中轴心**：勾选该项后，当物体连接后，其坐标轴移动至物体的中心。

7.6　实　　例

实例是一种创建复制对象的方法，即将一个对象的实例复制到场景中的其他位置。这种技术可以有效地减少场景中对象的数量，从而提高场景的性能和灵活性。执行主菜单→创建→造型→实例，创建一个实例对象，实例需要和其他的几何体合用，这里创建一个球体，拖曳到实例的属性面板参考对象右侧的空白区域中。实例对象选项卡参数设置如图 7-23 所示。

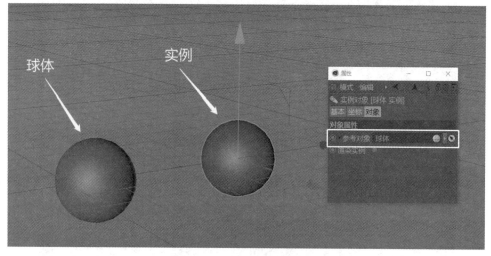

图 7-23　实例对象选项卡

现在实例继承了球体的所有属性，接下来对实例和立方体进行一个布尔运算，如图 7-24 所示。

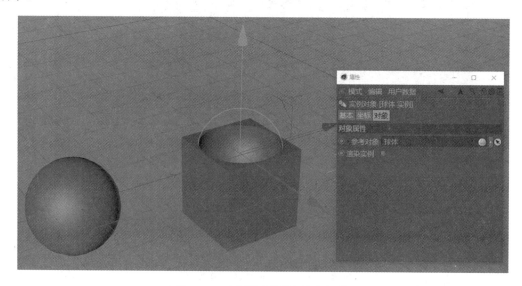

图 7-24　对实例对象进行布尔运算

如果对这个布尔的效果不满意，可以再创建一个宝石，拖曳到实例的属性面板参考对象右侧的空白区域中，这时实例马上继承宝石的所有属性，即该宝石和立方体又进行了一次布尔运算，不需要重新再用宝石和立方体进行布尔运算。实例对象应用效果如图 7-25 所示。

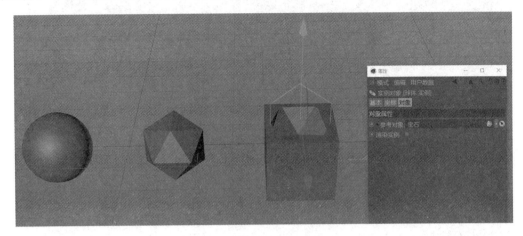

图 7-25　实例对象应用效果

7.7　融　　球

融球是一种形状建模工具，可以用于创建具有流畅外观和流线型形状的球体或其他几何形状。执行主菜单→创建→造型→融球，创建一个融球对象。再创建两个球体，将两个球体对象作为融球对象的子对象，如图 7-26 所示。融球对象选项卡参数设置如图 7-27 所示。

图 7-26　融球对象

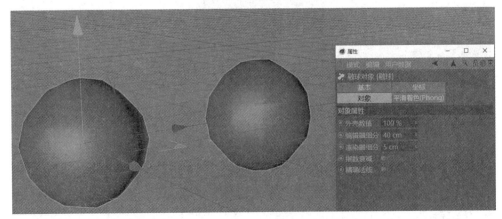

图 7-27　融球对象选项卡

- **外壳数值**：设置融球的溶解程度和大小，如图 7-28(a)和(b)所示。

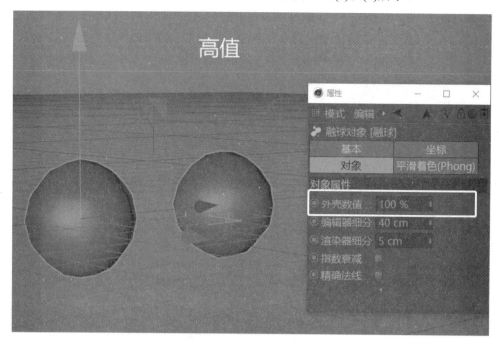

(a)

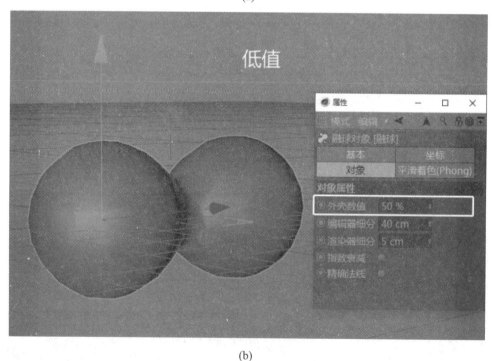

(b)

图 7-28　设置外壳数值参数

- **编辑器细分**：设置视图显示中融球的细分数，值越小融球越圆滑，如图 7-29(a)和(b)所示。

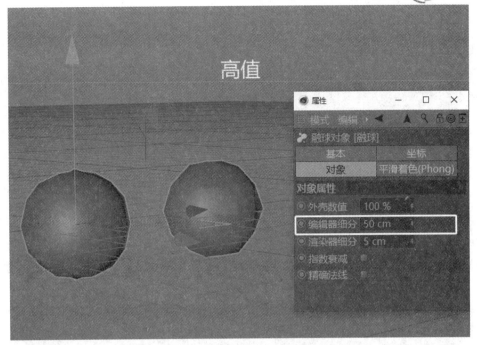

(a)

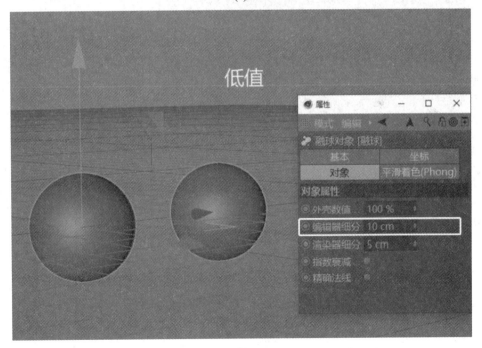

(b)

图 7-29　设置编辑器细分参数

· **渲染器细分**：设置渲染时融球的细分数，值越小融球越圆滑(这里不能单击 进行渲染，必须单击 进行渲染)，如图 7-30(a)和(b)所示。

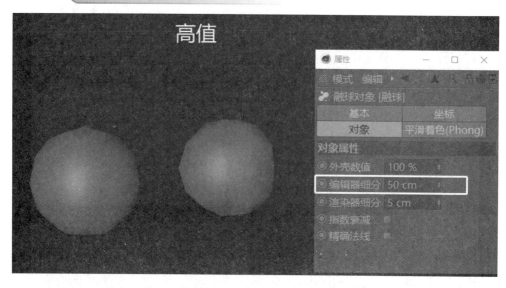

(a)

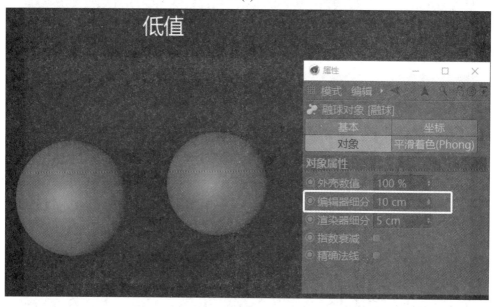

(b)

图 7-30　设置渲染器细分参数

- **指数衰减：**勾选该项后，融球大小和圆滑程度有所衰减。

7.8　对　　称

对称是一种建模工具或操作，可以帮助用户快速创建对称的几何形状。执行主菜单→创建→造型→对称，创建一个对称对象。再创建一个立方体，将立方体对象作为对称对象的子对象，如图 7-31 所示。

图 7-31　对称对象

对称对象选项卡参数设置如图 7-32 所示。

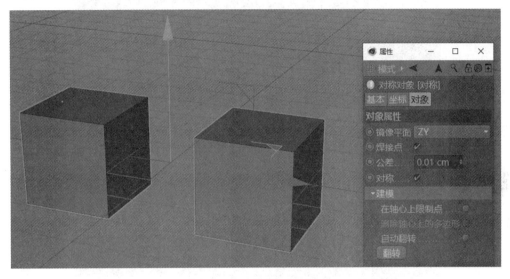

图 7-32　对称对象选项卡

- **镜像平面**：提供三种选择，分别为"ZY""XY""XZ"，如图 7-33(a)、(b)和(c)所示。

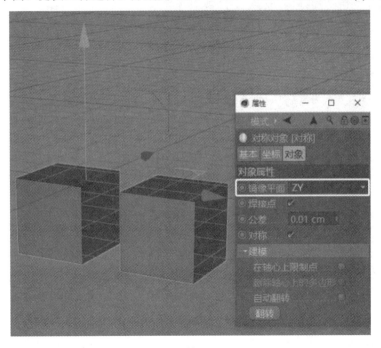

(a)

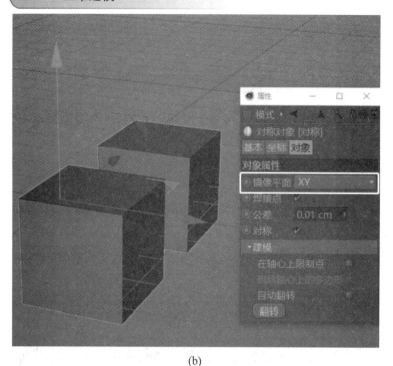

(b)

(c)

图 7-33　设置镜像平面参数

- **焊接点/公差**：勾选焊接点以后，公差被激活，调节公差数值，两个物体会连接到一起。

7.9　构 造 平 面

　　构造平面是一种建模工具或操作，可以帮助用户创建具有平面特征的几何形状。执行主菜单→创建→造型→构造平面，创建一个构造平面对象。构造平面对象选项卡参数设置如图7-34所示。

图 7-34　构造平面对象

　　• **类型**：提供了三种类型，分别为"XY 平面""ZY 平面""XZ 平面"，如图 7-35(a)、(b)和(c)所示。

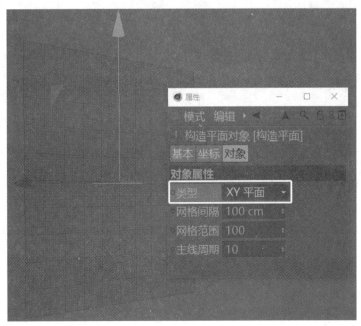

(a)

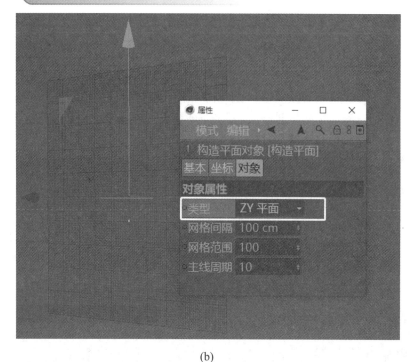

(b)

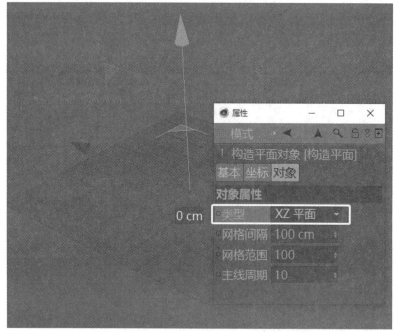

(c)

图 7-35　构造平面对象的三种类型

- **网格间隔/网格范围**：设置各个网格的大小和网格的整体大小，如图 7-36(a)和(b)所示。
- **主线周期**：控制网格中主线的分布疏密，值越小分布越密集。

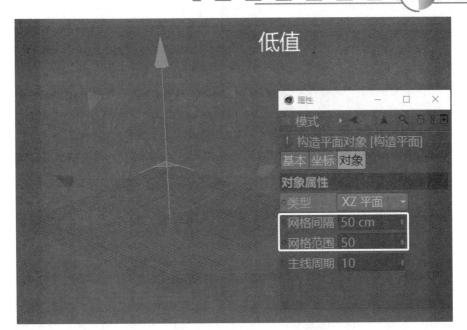

(a)

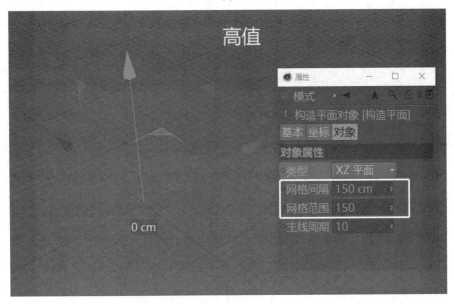

(b)

图 7-36　设置主线周期参数

7.10　课 堂 案 例

案例：用"布尔"生成器制作骰子

本案例的骰子模型是由立方体和球体进行布尔运算生产的，模型效果如图 7-37 所示。

图 7-37　骰子效果图

具体操作步骤如下：

(1) 单击"立方体"按钮 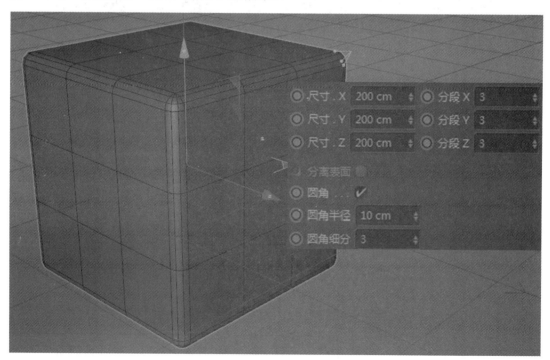，在场景中创建一个立方体，然后在"对象属性"选项卡中设置"尺寸.X"为 200 cm，"尺寸.Y"为 200 cm，"尺寸.Z"为 200 cm，接着设置"分段 X"为 3，"分段 Y"为 3，"分段 Z"为 3，再勾选"圆角"选项，并设置"圆角半径"为 10 cm，"圆角细分"为 3，如图 7-38 所示。

尺寸.X	200 cm	分段 X	3
尺寸.Y	200 cm	分段 Y	3
尺寸.Z	200 cm	分段 Z	3
分离表面			
圆角 ... ✔			
圆角半径	10 cm		
圆角细分	3		

图 7-38　创建立方体

(2) 单击"球体"按钮，在场景中创建一个球体，然后在"对象属性"选项中设置"半径"为 20 cm，如图 7-39 所示。

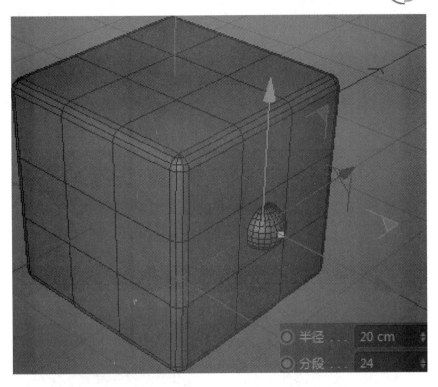

图 7-39 创建球体

(3) 将球体进行复制，并在每个面按点数进行摆放，如图 7-40 所示。

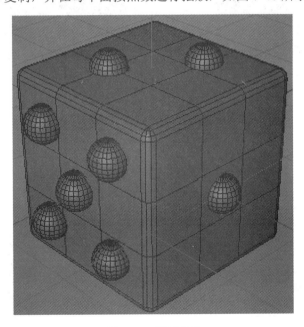

图 7-40 复制球体

(4) 在"对象"面板中选中所有"球体"，然后按快捷键 Alt + D 进行成组操作，形成
"空白"组，如图 7-41 所示。

(5) 将"立方体"放置在成组的"球体"上方，然后单击"布尔"按钮 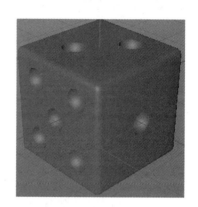 布尔，接着将"立方体"和"空白"选项放置于"布尔"下方，成为子层级。骰子模型的最终效果如图7-42 所示。

图 7-41　球体成组

图 7-42　骰子最终效果图

课后练习

使用""布尔"生成器制作如图 7-43 所示的工业模型。

图7-43　工业模型

第8章 变形工具组

> 本章主要详述 C4D 中变形工具组的基本概念和主要应用，还包括扭曲、爆炸、置换等 29 种变形工具的使用方法及相应属讲解等。通过本章的学习，可以熟练掌握 C4D 变形工具组的属性的同时，还能将相关内容灵活应用到常用的建模方法中。

变形器工具是通过给几何体添加上各式各样的变形效果，从而达到一种令人满意的几何形态的工具。C4D 的变形工具和其他的三维软件相比，出错率更小，灵活性更大，速度也更快。

C4D 提供的变形器有扭曲、膨胀、斜切、锥化、螺旋、FFD、网格、挤压&伸展、融解、爆炸、爆炸 FX、破碎、修正、颤动、变形、收缩包裹、球化、表面、包裹、样条、导轨、样条约束、摄像机、碰撞、置换、公式、风力、平滑和倒角 29 种，如图 8-1 所示。

图 8-1 变形器菜单

创建变形器有以下两种方法：

(1) 长按 ![按钮] 按钮不放，打开添加变形器工具栏菜单，选择相应的变形器；

(2) 执行主菜单→创建→变形器来创建一个变形器，如图 8-2 所示。

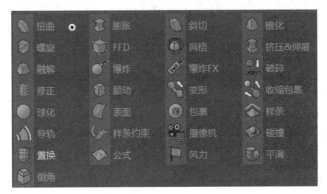

图 8-2 创建变形器

8.1 扭　　曲

　　扭曲变形器是一种基于变形器的建模工具，可以帮助用户创建具有扭曲效果的几何形状。具体而言，扭曲变形器可以根据用户提供的曲线或形状对几何体进行扭曲、弯曲、拉伸等操作。用户可以通过调整扭曲变形器的参数来控制扭曲的强度、方向、位置等属性。在 C4D 中，扭曲变形器通常与其他变形器或建模工具配合使用，可以用于创建具有复杂形状和动态效果的几何体，如卷曲的管道、螺旋形的线圈、弯曲的植物等。此外，扭曲变形器还可以用于创建特殊效果和动画，如动态扭曲效果、沿着路径的动画等。需要注意的是，扭曲变形器在使用时需要一定的技巧和经验，以确保扭曲操作的准确性和质量。同时，在进行扭曲操作后，用户可能需要对新对象进行一些编辑和调整，以使其符合预期的形状和外观。执行主菜单→创建→变形器→扭曲 　扭曲，会在场景中创建一个扭曲对象。再创建一个圆柱对象。扭曲和圆柱之间是互不影响的，它们之间没有建立任何关系，如图 8-3 所示。

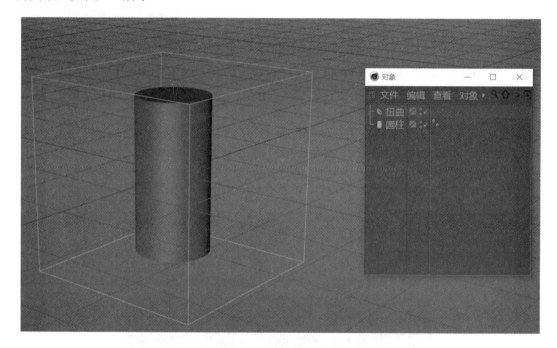

图 8-3　创建扭曲变形器

　　如果想让扭曲工具对圆柱对象产生作用，就必须让扭曲对象成为圆柱对象的子对象。产生作用之后的圆柱就会根据扭曲变形器的一些属性的调整而产生变形扭曲，如图 8-4 所示。

　　注意：　被扭曲的模型对象要有足够的细分段数，否则执行扭曲命令的效果就不会很理想。

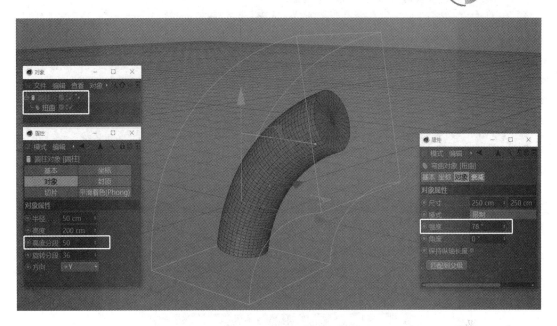

图 8-4　调整扭曲属性参数

注意：　在 C4D 中，无论是 NURBS 工具、造型工具或者变形器工具，它们都不会直接作用在模型上，而是以对象的形式显示在场景中，如果想为模型对象施加这些工具，就必须要使这些模型对象和这些工具对象形成层级关系。

扭曲变形器的对象选项卡包括尺寸、模式、强度、角度、保持纵轴长度五个参数，通过设置这些参数的不同数值，可以改变物体扭曲的形态，如图 8-5 所示。

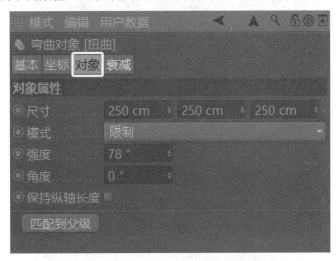

图 8-5　扭曲对象选项卡

· **尺寸**：该参数包含三个数值的输入框，从左到右依次代表 X、Y、Z 轴上扭曲的尺寸大小，如图 8-6 所示。

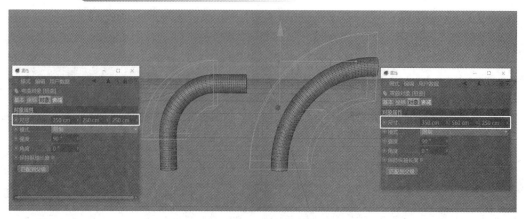

图 8-6　设置尺寸参数

· **模式**：设置模型对象的扭曲模式，分别有"限制""框内"和"无限"三种。限制是指模型对象在扭曲框的范围大小内产生扭曲的作用；框内是指模型对象在扭曲框内才能产生扭曲的效果；无限是指模型对象不受扭曲框的限制，参数设置如图 8-7(a)、(b)和(c)所示。

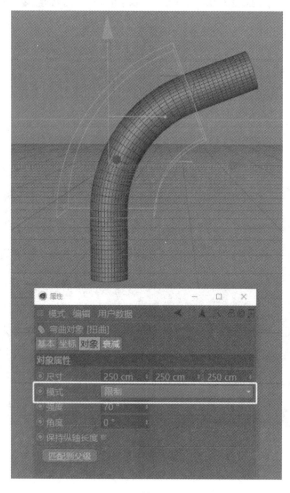

(a)

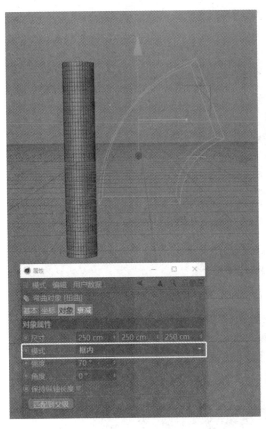

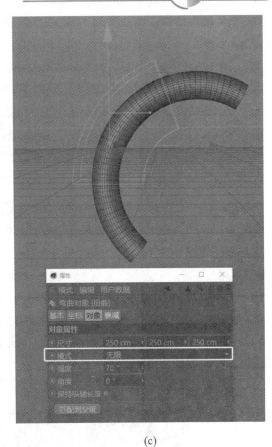

(b)

(c)

图 8-7 设置模式参数

- **强度**：控制扭曲强度的大小形态，参数设置如图 8-8(a)和(b)所示。

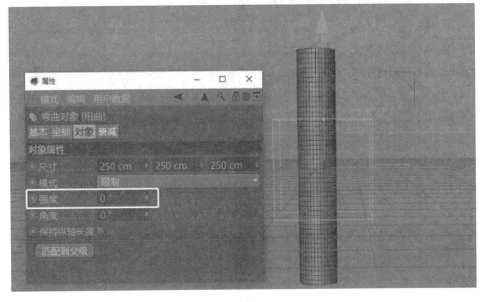

(a)

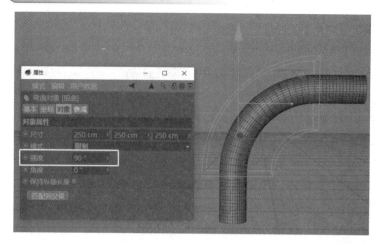

(b)

图 8-8　设置强度参数

- **角度**：控制扭曲的角度变化，参数设置如图 8-9(a)和(b)所示。

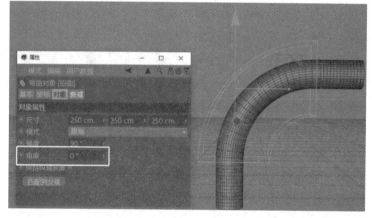

(a)

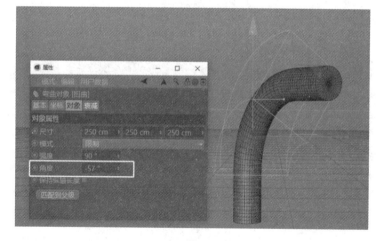

(b)

图 8-9　设置角度参数

- **保持纵轴长度**：勾选该项后，模型对象将始终保持原有的纵轴长度不变，参数设置如图 8-10(a)和(b)所示。

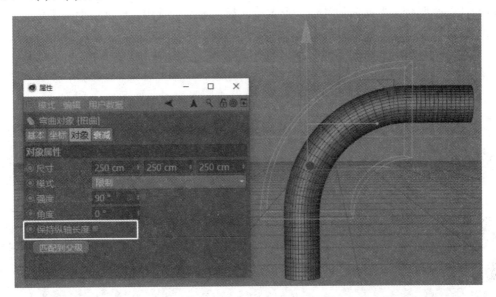

(a)

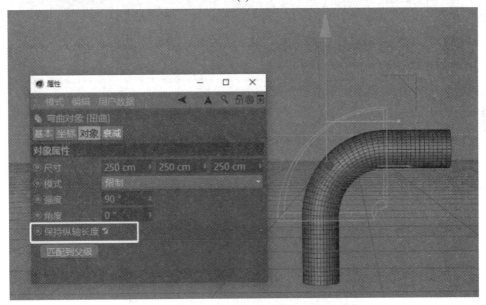

(b)

图 8-10　勾选保持纵轴长度效果

8.2　膨　　胀

膨胀变形器是一种基于变形器的建模工具，可以帮助用户创建具有膨胀效果的几何形状。具体而言，膨胀变形器可以根据用户提供的曲线或形状对几何体进行膨胀、收缩、变形等操作。用户可以通过调整膨胀变形器的参数来控制膨胀的强度、方向、位置等属性。在 C4D 中，膨胀变形器通常与其他变形器或建模工具配合使用，可以用于创建具有复杂形状和动态效果的几何体，如膨胀的气球、膨胀的动物等。此外，膨胀变形器也可以用于创建特殊效果和动画，如动态膨胀效果、变形动画等。执行主菜单→创建→变形器→膨胀 ，会在场景中创建一个膨胀对象。然后再创建一个圆锥对象，让膨胀对象成为圆锥对象的子对象。适当调整膨胀属性参数后即可使圆锥膨胀变形，如图 8-11 所示。

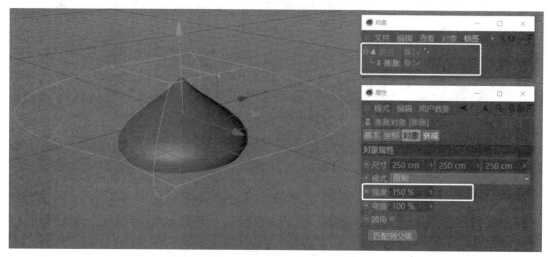

图 8-11　膨胀变形器

注意： 被膨胀的模型对象要有足够的细分段数，否则执行膨胀命令的效果就不会很理想。

膨胀变形器对象选项卡的参数设置如图 8-12 所示。下面重点介绍弯曲和圆角两个参数。

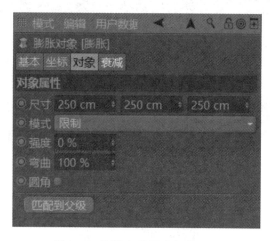

图 8-12　膨胀变形器对象选项卡

- **弯曲：** 设置膨胀时的弯曲程度，如图 8-13(a)和(b)所示。

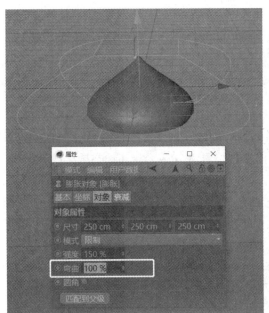
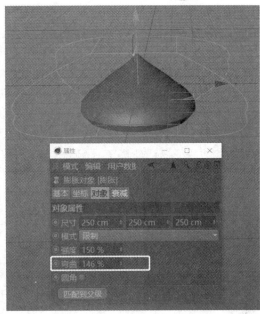

(a)   (b)

图 8-13 设置弯曲参数

- **圆角**：勾选该项后，能保持膨胀形式为圆角，如图 8-14(a)和(b)所示。

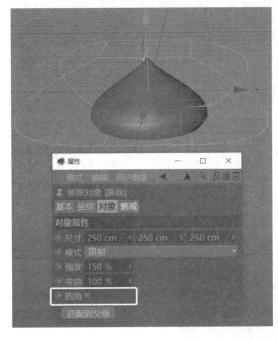
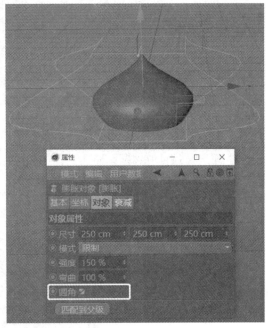

(a)   (b)

图 8-14 勾选圆角选项卡

8.3　斜　切

　　斜切变形器是一种基于变形器的建模工具，可以帮助用户创建具有斜切效果的几何形状。具体而言，斜切变形器可以根据用户提供的参数对几何体进行斜切变形。用户可以通过调整斜切变形器的参数来控制斜切的强度、方向、位置等属性。在 C4D 中，斜切变形器通常与其他变形器或建模工具配合使用，可以用于创建具有复杂形状和动态效果的几何体，如倾斜的建筑物、斜切的文字等。此外，斜切变形器还可以用于创建特殊效果和动画，如倾斜的动态效果、斜切动画等。执行主菜单→创建→变形器→斜切 ，会在场景中创建一个斜切对象。然后再创建一个立方体对象，让斜切对象成为立方体对象的子对象。适当调整斜切属性参数后即可使立方体斜切变形，如图 8-15 所示。

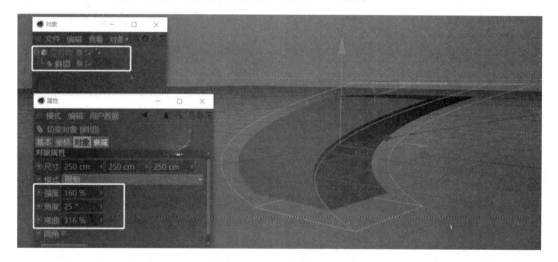

图 8-15　斜切变形器

　　注意：　被斜切的模型对象要有足够的细分段数，否则执行斜切命令的效果就不会很理想。

　　斜切变形器对象选项卡的参数设置如图 8-16 所示。

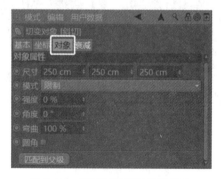

图 8-16　斜切变形器对象选项卡

8.4 锥 化

锥化变形器是一种基于变形器的建模工具，可以帮助用户创建具有锥形效果的几何形状。具体而言，锥化变形器可以根据用户提供的参数对几何体进行锥形变形。用户可以通过调整锥化变形器的参数来控制锥形的强度、方向、位置等属性。在 C4D 中，锥化变形器通常与其他变形器或建模工具配合使用，可以用于创建具有复杂形状和动态效果的几何体，如锥形的建筑物、锥形的雕塑等。此外，锥化变形器也可以用于创建特殊效果和动画，如锥形动态效果、锥形变形动画等。执行主菜单→创建→变形器→锥化 ， 会在场景中创建一个锥化对象。然后再创建一个球体对象，让锥化对象成为球体对象的子对象，适当调整锥化属性参数后就能使球体锥化变形，如图 8-17 所示。

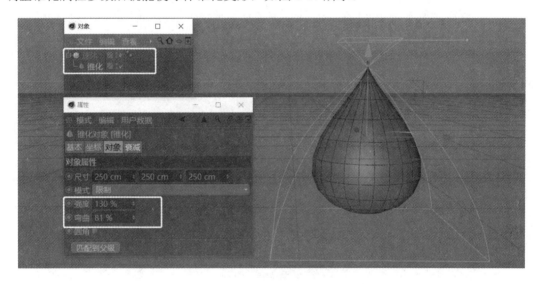

图 8-17 锥化变形器

注意： 被锥化的模型对象要有足够的细分段数，否则执行锥化命令的效果就不会很理想。

锥化变形器对象选项卡的参数设置如图 8-18 所示。

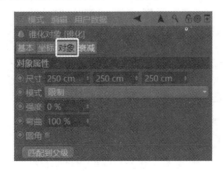

图 8-18 锥化变形器对象选项卡

8.5 螺　　旋

螺旋是一种三维几何形状，通常用于模拟螺旋线、螺旋形结构等。用户可以通过使用内置的"螺旋"生成器或创建自定义曲线并应用螺旋变形器来创建螺旋形状。具体而言，在 C4D 中，用户可以使用"螺旋"生成器来创建基本的螺旋线。用户可以通过调整生成器的参数，如高度、半径、扭曲等，来控制螺旋线的形状和细节。此外，用户还可以使用螺旋变形器来对现有对象进行螺旋变形，以创建更加复杂的螺旋形状。在应用螺旋变形器时，用户可以选择不同的参数来控制螺旋的形状，如起始半径、终止半径、扭曲等。此外，用户还可以通过组合多个变形器来创建更加复杂的螺旋形状，如螺旋管道、螺旋梯等。执行主菜单→创建→变形器→螺旋 ，会在场景中创建一个螺旋对象。然后再创建一个立方体对象，让螺旋对象成为立方体对象的子对象。适当调整螺旋角度的属性参数后就能使立方体螺旋变形，如图 8-19 所示。

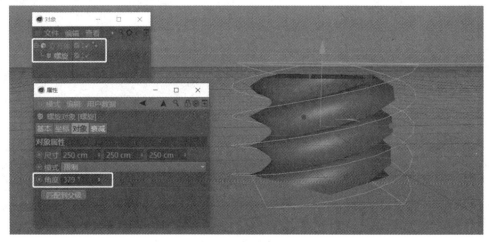

图 8-19　螺旋变形器

注意： 被螺旋的模型对象要有足够的细分段数，否则执行螺旋命令的效果就不会很理想。

螺旋变形器对象选项卡的参数设置如图 8-20 所示。

图 8-20　螺旋变形器对象选项卡

8.6   FFD

FFD 变形器是一种基于网格的变形工具，可以通过控制网格上的控制点来对三维对象进行变形。具体而言，FFD 变形器可以将三维对象包围在一个网格框架中，然后用户可以通过移动、缩放、旋转网格上的控制点来对对象进行形状变形。FFD 变形器的网格可以根据用户的需要进行调整，以适应不同的场景和需求。除了基本的 FFD 变形器外，C4D 还提供了许多扩展的变形器工具，如 FFD Morph、FFD Box 等，可以帮助用户实现更加复杂的形状变形效果。通过对 FFD 上面的点的变形来控制模型对象的形态让其达到变形的目的。执行主菜单→创建→变形器→FFD 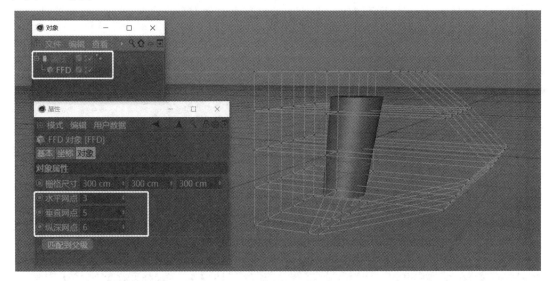，会在场景中创建一个 FFD 对象，再创建一个圆柱对象，让 FFD 对象成为圆柱对象的子对象；然后通过调整 FFD 上的点来使圆柱变形，如图 8-21 所示。

图 8-21   FFD 变形器

注意： 被 FFD 的模型对象要有足够的细分段数，否则执行 FFD 命令的效果就不会很理想。

FFD 变形器对象选项卡的参数设置如图 8-22 所示。

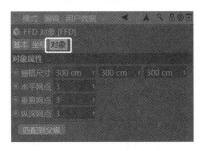

图 8-22   FFD 变形器对象选项卡

• **栅格尺寸**：该参数包含三个数值的输入框，从左到右依次代表 X、Y、Z 轴向上栅格的尺寸大小。

• **水平网点/垂直网点/纵深网点**：这三个数值输入框分别代表 X、Y、Z 轴向上网点分布的数量。

8.7 网　　格

网格变形器是一种建模工具，可以用于对三维对象进行形状变形和编辑。网格变形器可以通过修改网格顶点的位置、缩放、旋转等属性来对对象进行变形，从而实现各种不同的形状和效果。C4D 提供了许多不同类型的网格变形器，如点变形器、边界变形器、撕裂变形器、挤压变形器等，每种变形器都有其独特的功能和用途。用户可以根据自己的需求和场景选择合适的变形器进行使用。当执行主菜单→创建→变形器→网格 🔵 网格，会在场景中创建一个网格对象。然后再创建一个球体对象和立方体对象，让网格对象成为球体对象的子对象，通过调整立方体上的点来使球体变形，如图 8-23 所示。

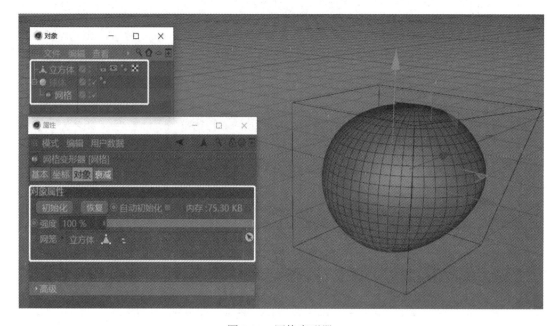

图 8-23　网格变形器

注意： 在使用网格前必须先初始化才能起作用。被网格变形的模型对象要有足够的细分段数，否则执行网格命令的效果就不会很理想。

网格变形器对象选项卡的参数设置如图 8-24 所示。其中，在右侧的网笼空白区域可添加控制模型的对象。

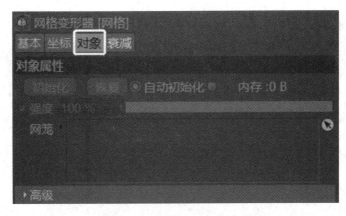

图 8-24 网格变形器对象选项卡

网络变形器的衰减选项卡用于处理网格对模型影响的衰减，此项必须在网格工具正常执行时才有效，如图 8-25 所示。

图 8-25 设置衰减参数

8.8 挤压&伸展

挤压变形器和伸展变形器是两种常见的网格变形器，可以用于对三维对象进行形状变形和编辑。挤压变形器可以将对象的顶点沿着指定方向挤压，从而改变对象的形状和外观。用户可以通过控制挤压变形器的属性来调整挤压的方向、强度和范围，以达到不同的效果。伸展变形器可以将对象的顶点沿着指定方向拉伸，从而改变对象的形状和外观。用户可以通过控制伸展变形器的属性来调整伸展的方向、强度和范围，以达到不同的效果。这两种变形器通常会结合使用，以实现更加复杂的变形效果。例如，用户可以先使用挤压变形器将对象沿着某个方向挤压，然后再使用伸展变形器对特定部位进行拉伸，以达到更加自然和流畅的效果。执行主菜单→创建→变形器→挤压&伸展 步骤后，会在场景中创建一个挤压&伸展对象。然后再创建一个立方体对象，让挤压&伸展对象成为立方体对象的子对象，通过调整挤压&伸展的因子属性参数使立方体变形，如图 8-26 所示。

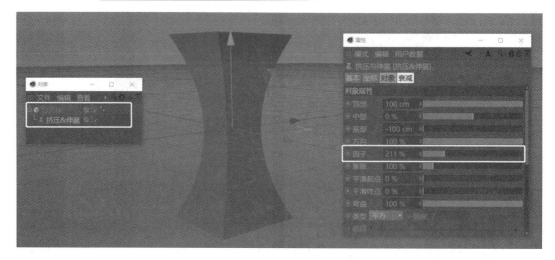

图 8-26　挤压&伸展变形器

注意： 被挤压&伸展的模型对象要有足够的细分段数，否则执行挤压&伸展命令的效果就不会很理想。

挤压&伸展变形器对象选项卡的参数设置如图 8-27 所示。

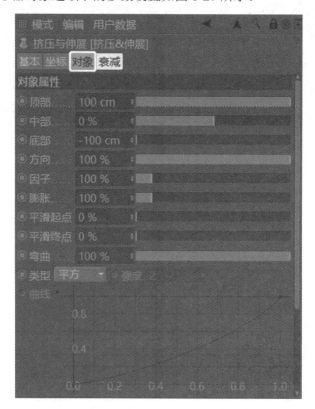

图 8-27　挤压&伸展变形器对象选项卡

挤压&伸展变形器中的部分选项介绍如下：

• **因子**：控制挤压&伸展的程度，先调整此参数，然后其他参数才能起作用，如图 8-28 所示。

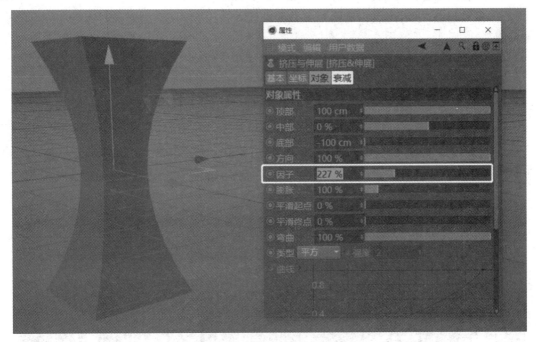

图 8-28　设置因子参数

• **顶部/中部/底部**：这三个参数分别控制模型对象顶部、中部和底部的挤压&伸展形态，如图 8-29 所示。

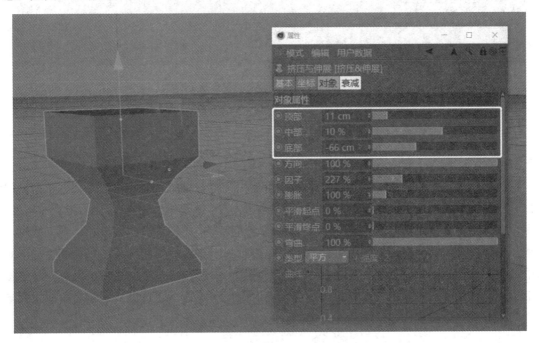

图 8-29　设置顶部/中部/底部参数

- **方向**：设置挤压&伸展模型对象沿 X 轴的方向扩展。
- **膨胀**：设置挤压&伸展模型对象的膨胀变化。
- **平滑起点/平滑终点**：这两个参数分别设置挤压&伸展模型对象时起点和终点的平滑程度。
- **弯曲**：设置挤压&伸展模型对象的弯曲变化。
- **类型**：分别有"平方""立方""四次方""自定义"和"样条"五种类型可选，选择"样条"类型时将激活下方曲线，可调节曲线控制挤压&伸展模型对象的细节。

挤压与伸展衰减选项卡的参数设置如图 8-30 所示。其中形状参数包括"无限""圆柱""圆环""圆锥""方形""无""来源""球体""线性"和"胶囊"十种形状，选择不同的形状会激活相应的参数选项。

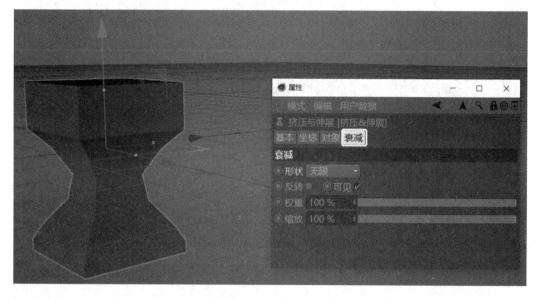

图 8-30　设置衰减参数

8.9　融　解

融解变形器是一种常见的网格变形器，可被用于将对象的表面融化或溶解，从而创建出具有独特效果的三维模型。融解变形器通常使用一个二维贴图来定义融化的形状和程度。用户可以通过调整贴图的颜色、亮度和对比度等属性，来控制融解的效果和外观。同时，用户也可以使用其他变形器来对融化后的对象进行进一步的编辑和调整，以达到更加理想的效果。执行主菜单→创建→变形器→融解　　融解，就会在场景中创建一个融解对象。然后再创建一个宝石对象，让融解对象成为宝石对象的子对象，通过调整融解对象的属性参数来使宝石对象融解变形，如图 8-31 所示。

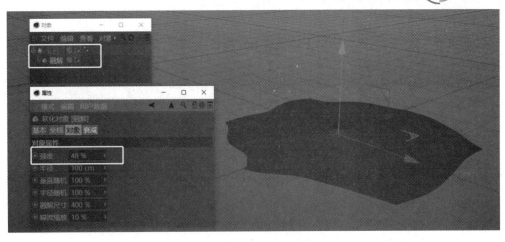

图 8-31 融解变形器

注意： 被融解的模型对象要有足够的细分段数，否则执行融解命令的效果就不会很理想。

融解变形器对象选项卡的参数设置如图 8-32 所示。

图 8-32 融解变形器对象选项卡

- **强度：** 设置融解强度的大小，如图 8-33 所示。

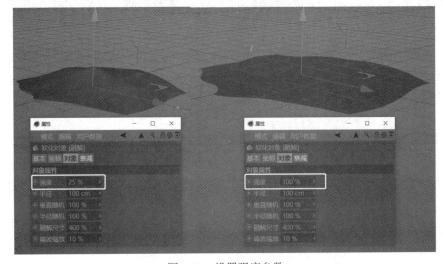

图 8-33 设置强度参数

- **半径**：设置融解对象的半径变化。
- **垂直随机/半径随机**：这两个参数是设置融解对象垂直和半径的随机值。
- **融解尺寸**：设置融解对象的融解尺寸大小。
- **噪波缩放**：设置融解对象的噪波缩放变化。

8.10　爆　　炸

爆炸变形器是一种用于将三维模型分解为碎片的变形器，从而创造出有趣的爆炸和破碎效果。爆炸变形器通常使用一个控制网格来定义爆炸的形状和程度。用户可以通过控制网格的位置、形状、大小和方向等属性，来控制爆炸的效果和外观。与其他变形器类似，用户也可以使用其他变形器来对爆炸后的碎片进行进一步的编辑和调整，以达到更加理想的效果。

创建一个球体对象，执行主菜单→创建→变形器→爆炸 █ 爆炸 ，让爆炸对象成为球体对象的子对象，通过调整爆炸对象的属性来控制球体的爆炸效果，如图 8-34 所示。

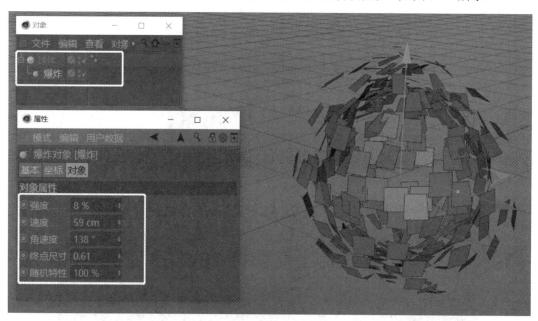

图 8-34　爆炸变形器

注意：被爆炸的模型对象要有足够的细分段数，否则执行爆炸命令的效果就不会很理想。

爆炸变形器对象选项卡的参数设置如图 8-35 所示。

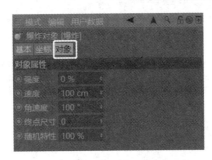

图 8-35 爆炸变形器对象选项卡

- **强度**：设置爆炸程度，值为 0 时不爆炸，值为 100 时爆炸完成。
- **速度**：设置碎片到爆炸中心的距离，值越大碎片到爆炸中心的距离越远，反之越近。
- **角速度**：设置碎片的旋转角度。
- **终点尺寸**：设置碎片爆炸完成后的大小。

8.11 爆炸 FX

爆炸 FX 变形器是一种用于模拟三维模型爆炸效果的高级变形器。与普通的爆炸变形器不同，爆炸 FX 变形器可以创建更加逼真和复杂的爆炸效果(例如火花、烟雾、碎片等)，可以用于制作高质量的视觉效果和特效。爆炸 FX 变形器通常使用一个控制网格来定义爆炸的形状和程度。用户可以通过控制网格的位置、形状、大小和方向等属性，来控制爆炸的效果和外观。此外，爆炸 FX 变形器还提供了多种参数和选项，可以用于调整爆炸的速度、密度、颜色等属性，从而创造出更加逼真和生动的效果。

创建一个挤压字体对象，执行主菜单→创建→变形器→爆炸 FX 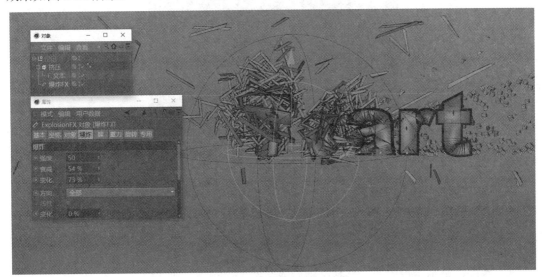，将爆炸 FX 对象和挤压对象组成一个组，通过整调爆炸 FX 对象的属性来控制物体的爆炸效果，其爆炸效果如图 8-36 所示。

图 8-36 爆炸 FX 变形器

注意：被爆炸 FX 的模型对象要有足够的细分段数，否则执行爆炸 FX 命令的效果就不会很理想。

爆炸 FX 变形器部分相关属性介绍如下：

1. 对象

对象选项卡参数设置如图 8-37 所示。其中，时间选项卡用于控制爆炸的范围，与场景中的绿色变形器同步。

图 8-37   爆炸 FX 变形器对象选项卡

2. 爆炸

爆炸选项卡参数设置如图 8-38 所示。

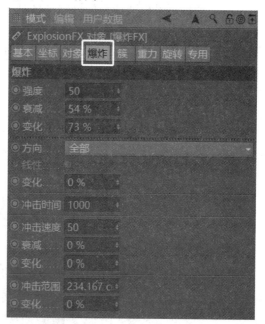

图 8-38   爆炸选项卡

- **强度：**设置爆炸强弱，值越大爆炸力越强，反之越弱。
- **衰减(强度)：**爆炸强度的衰减。该值为 0 时，爆炸强度相同；当值大于 0 时，强度从爆炸中心向外逐渐变弱。
- **变化(强度)：**该值为 0 时，所有碎片的爆炸强度都相同；当该值不为 0 时，碎片的爆炸强度会随机变化。
- **方向：**控制爆炸方向，沿某个轴向或某个平面爆炸。

- **线性**：当方向设为单轴时，该选项被激活，勾选此项可以使所有爆炸碎片受的力相同。
- **变化(方向)**：可影响方向的随机值，使每个碎片的爆炸方向略有不同。
- **冲击时间**：类似爆炸强度，值越大，爆炸越剧烈。
- **冲击速度**：该值与爆炸时间共同控制爆炸范围。
- **衰减(冲击速度)**：冲击速度为 0 时，衰减将不起作用。当值为 0 时没有衰减，当值为 100 时爆炸范围将缩小。
- **变化(冲击速度)**：微调爆炸范围。
- **冲击范围**：物体表面以外的爆炸范围(红色变形器)不加速爆炸。
- **变化(冲击范围)**：物体表面以外的爆炸范围的细微变化。

3. 簇

簇选项卡参数设置如图 8-39 所示。

图 8-39 簇参数设置

- **厚度**：设置爆炸碎片的厚度，正值时向法线的正方向挤压，负值时则向法线的负方向挤压，值为 0 时无碎片厚度。
- **厚度(百分比)**：设置爆炸碎片的厚度的随机比例。
- **密度**：设置每一组碎片的密度。如果想要爆炸忽略群集的重量，则设置密度值为 0。
- **变化(密度)**：设置每一组碎片的密度变化。
- **簇方式**：设置形成爆炸碎片对象的类型。
- **蒙板**：可以在爆炸特效中限制影响范围或控制变形效果。
- **固定未选部分**：当簇方式选为使用选集标签时，该选项被激活，未被选择的部分将不参与爆炸。
- **最少边数/最多边数**：当簇方式选为自动时，该选项被激活，用该值来设置形成碎片多边形的最大边数和最小边数。

- **消隐**：勾选该项会使碎片变小，直至最终消失。
- **类型**：设置碎片消失的控制方式为时间或距离。
- **开始/延时**：可以通过这两个值来设置爆炸碎片大小消失所需要的时间或距离。

4. 重力

重力选项卡参数设置如图 8-40 所示。

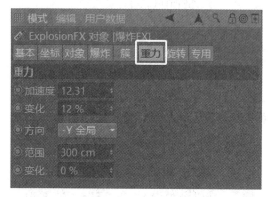

图 8-40　重力参数设置

- **加速度**：重力加速度，默认值为 9.81。
- **变化(加速度)**：重力加速度的变化值。
- **方向**：重力加速度的方向。
- **范围**：重力加速度的范围(蓝色变形器)。
- **变化**：重力加速度的微调。

5. 旋转

旋转选项卡参数设置如图 8-41 所示。

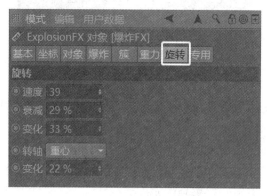

图 8-41　旋转参数设置

- **速度**：碎片旋转速度。
- **衰减**：碎片旋转速度逐渐变慢。
- **变化**：碎片旋转速度的变化值。
- **转轴**：控制碎片的旋转轴。
- **变化(转轴)**：控制碎片旋转轴的倾斜。

6. 专用

专用选项卡参数设置如图 8-42 所示。

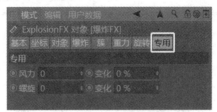

图 8-42　专用参数设置

- **风力**：默认方向为 Z 轴，负值方向为 Z 轴负方向，正值方向为 Z 轴正方向。
- **变化(风力)**：风力大小的变化。
- **螺旋**：默认沿 Y 方向旋转的力，正值为逆时针，负值为顺时针。
- **变化(螺旋)**：旋转力的随机变化值。

8.12　破　　碎

　　破碎变形器是一种高级的变形器，可以用于模拟三维模型的破碎和碎裂效果。使用破碎变形器可以轻松地将一个物体分解成多个独立的碎片，并在物体破碎时自动模拟碎片的运动、旋转和摆动等效果，从而创造出逼真的破碎效果。破碎变形器通常使用一个控制网格来定义破碎的形状和程度。用户可以通过控制网格的位置、形状、大小和方向等属性来控制破碎的效果和外观。此外，破碎变形器还提供了多种参数和选项，可以用于调整碎片的大小、形状、密度、颜色等属性，从而创造出更加逼真和生动的效果。

　　创建一个球体对象，将球体对象向 Y 轴方向移动约 400 cm，执行主菜单→创建→变形器→破碎 ，让破碎对象成为球体对象的子对象。通过调整破碎的对象属性来控制球体的破碎效果，因破碎自带重力效果，所以几何对象破碎后会自然下落，且默认水平面为地平面，如图 8-43 所示。

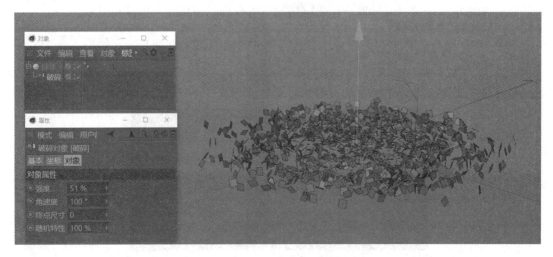

图 8-43　破碎变形器

注意： 被破碎的模型对象要有足够的细分段数，否则执行破碎命令的效果就不会很理想。

破碎变形器对象选项卡的参数设置如图 8-44 所示。

图 8-44　破碎变形器对象选项卡

- **强度：** 破碎的起始和结束，0%时破碎开始，100%时破碎结束。
- **角速度：** 碎片的旋转角度。
- **终点尺寸：** 破碎结束时碎片的大小。
- **随机特性：** 破碎形态的微调。

8.13　修　　正

修正变形器是一种可以用来修正和纠正三维模型形状的变形器。通常情况下，在建模和设计过程中，模型的形状和姿态会受到各种因素的影响，例如模型变形、变形体积、自然形变等，这些因素可能会导致模型出现一些不良的几何形状和变形，影响模型的美感和完整性。修正变形器可以帮助用户快速地纠正和修正这些几何形状和变形，以恢复模型的完整性和美感。修正变形器可以通过调整模型的几何形状、姿态、大小、角度等属性来实现对模型的精细控制和修正。

执行主菜单→创建→变形器→修正 修正，会在场景中创建一个修正对象。

注意： 被修正的模型对象要有足够的细分段数，否则执行修正命令的效果就不会很理想。

修正变形器对象选项卡的参数设置如图 8-45 所示。

图 8-45　修正变形器对象选项卡

8.14 颤　　动

颤动变形器是一种可以用来模拟三维模型的振动和颤动效果的变形器。颤动变形器可以将模型的几何形状和姿态进行微小的随机变化，从而实现一些自然、随机的振动和颤动效果。

执行主菜单→创建→变形器→颤动 ，会在场景中创建一个颤动对象，再创建一个球体对象，让颤动对象成为球体对象的子对象，通过调整颤动的属性参数再给模型物体做动画来实现颤动的变形效果，如图 8-46 所示。

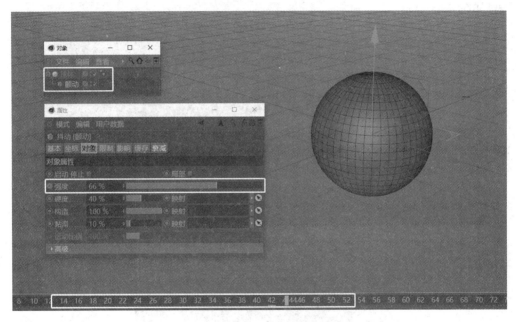

图 8-46　颤动变形器

注意： 一定要给模型对象做关键帧动画。被颤动的模型对象要有足够的细分段数，否则执行颤动命令的效果就不会很理想。

颤动变形器对象选项卡的参数设置如图 8-47 所示。

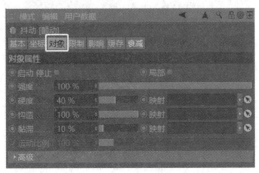

图 8-47　颤动变形器对象选项卡

- **强度**：设置颤动强度的大小。
- **硬度/构造/黏滞**：这三个参数都是用来辅助颤动的细节变化。

8.15　变　形

变形器是一种用于改变三维模型几何形状和外观的工具。它通过对模型的顶点、边缘和面进行变形、扭曲、拉伸等操作，从而实现各种形状的变化和效果。执行主菜单→创建→对象→宝石，新建一个宝石对象，将宝石转换为多边形，复制"宝石"为"宝石.1"，调整"宝石.1"的形状(这里调整宝石的顶点)，变形的基本要求是两个物体顶点的数目要保持一致，如图 8-48 所示。

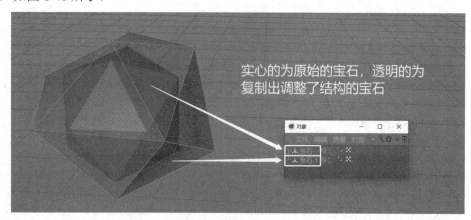

图 8-48　创建和复制宝石对象

接下来为原始的"宝石"添加角色标签→姿态变形，如图 8-49 所示。

图 8-49　应用姿态变形

单击对象选项卡，进入属性面板，勾选点模式，如图 8-50 所示。

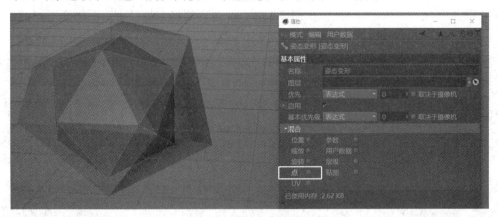

图 8-50 勾选点模式

进入姿态变形标签的属性面板，将"宝石.1"拖入姿态右侧的空白区域，通过强度控制原始宝石的变形程度，如图 8-51 所示。此时"宝石"已经变形成功，为方便观看，将"宝石.1"隐藏，如图 8-52 所示。

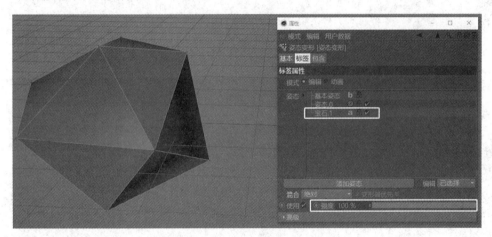

图 8-51 强度参数设置

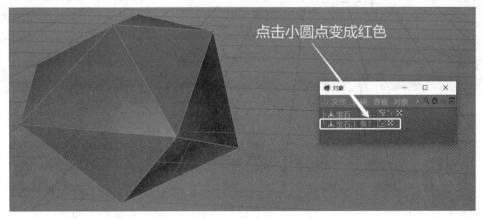

图 8-52 隐藏"宝石.1"对象

最后执行主菜单→创建→变形器→变形 变形，新建一个变形对象。与造型工具相反，变形工具需要成为对象的子对象，如图 8-53 所示。进入属性面板控制宝石的变形，如图 8-54 所示。

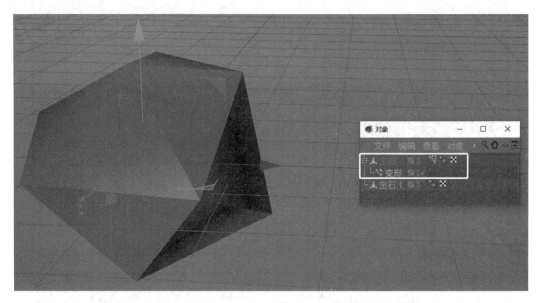

图 8-53　把变形工具变为对象的子对象

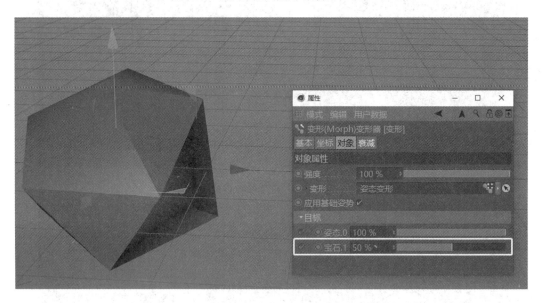

图 8-54　变形工具参数设置

8.16　收　缩　包　裹

收缩包裹变形器是一种用于将一个对象包裹在另一个对象表面的变形器。该变形器可以将一个对象自动缩放和扭曲，使其能够完全适应另一个对象的表面形状。它通常用于制作各种包裹效果，例如将一个纹理贴合到一个物体表面上。执行主菜单→创建→变形器→收缩包裹 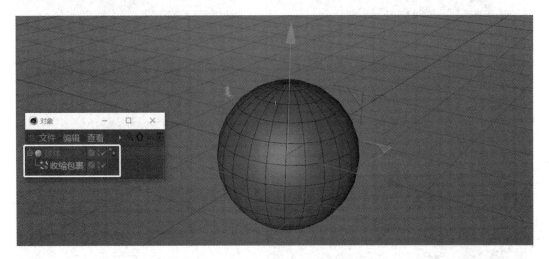 ，新建一个收缩包裹对象，然后新建一个球体(变形体)，让收缩包裹对象成为球体的子对象，如图 8-55 所示。

图 8-55 收缩包裹变形器

再创建一个变形对象圆锥体，将圆锥体拖到收缩包裹属性面板中目标对象右侧的空白区域，如图 8-56 所示。

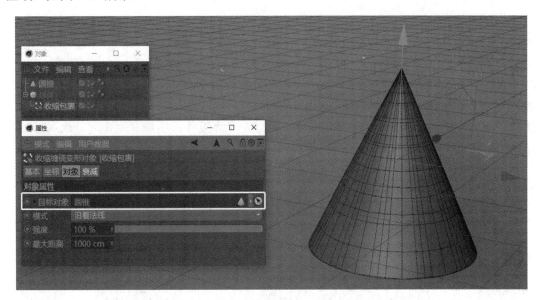

图 8-56 将圆锥体拖到收缩包裹属性面板中

此时已经变形成功，用同样的方法隐藏圆锥体，通过调整强度的百分比，控制变形程度，如图 8-57、图 8-58 所示。

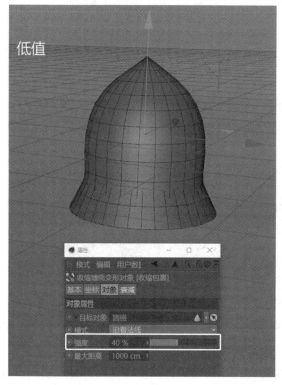

图 8-57　调整强度的百分比(1)

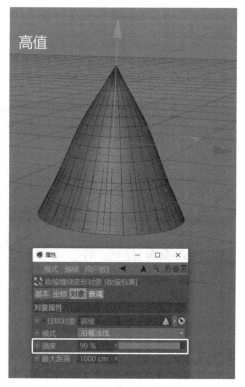

图 8-58　调整强度的百分比(2)

8.17　球　　化

　　球化变形器是一种将对象转换为球形或部分球形形状的变形器。该变形器可以将一个对象的形状扭曲为球形或部分球形形状，从而实现各种球形化效果。执行主菜单→创建→变形器→球化　　球化，创建一个球化对象，新建一个立方体，增加立方体的分段数，然后让球化成为立方体的子对象，如图 8-59 所示。

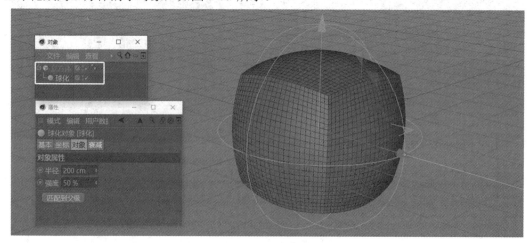

图 8-59　球化变形器

球化变形器对象选项卡的参数设置如图 8-60 所示。

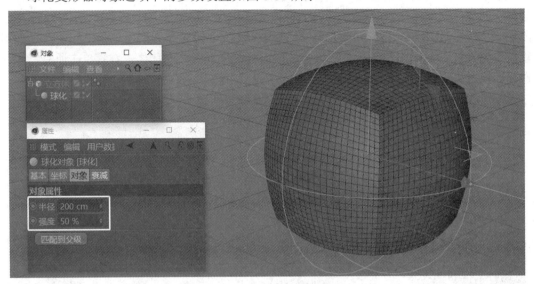

图 8-60　球化变形器对象选项卡

- **半径**：设置球化的大小。
- **强度**：设置变形的程度，值越大变形越厉害，如图 8-61 所示。

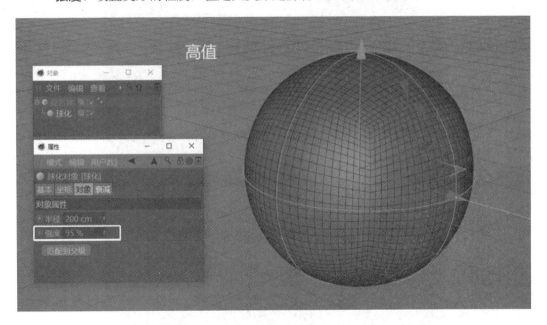

图 8-61　强度参数设置

8.18 表　　面

表面变形器是一种可以将一个对象沿着另一个对象的表面进行变形的变形器。它可以将一个对象的形状变形成适合另一个对象表面的形状，从而实现各种有趣的效果。执行主菜单→创建→变形器→表面  表面，创建一个表面对象，再新建一个文本样条，给文本样条添加一个挤压 NURBS 工具，如图 8-62 所示。然后将文字对象作为挤压 NURBS 的子对象(这里需要先将挤压 NURBS 工具转换为多边形，再选择层级下的物体，右键单击所有物体，选择连接对象＋删除)，如图 8-63 所示。

图 8-62　给文本样条添加挤压 NURBS 工具

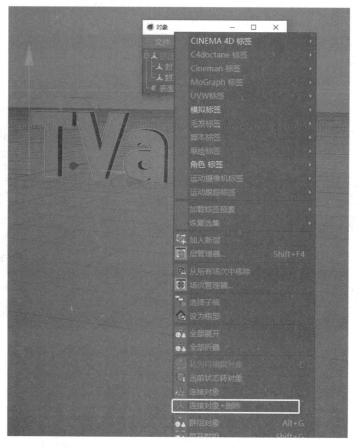

图 8-63　将挤压 NURBS 工具转换为多边形

再新建一个平面，将该平面拖入到表面属性面板中的对象的表面右侧的空白区域，如图 8-64 所示。

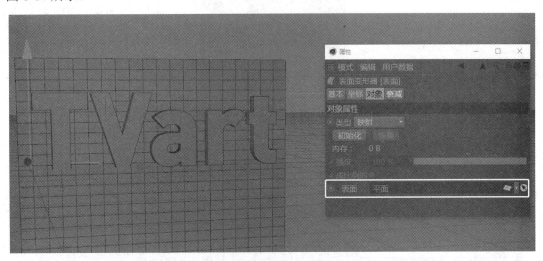

图 8-64 将该平面拖入表面属性面板中

最后单击初始化，将文字依附到平面的表面上，如图 8-65 所示。

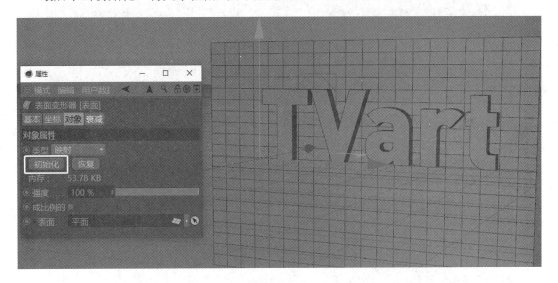

图 8-65 将文字依附到平面表面上

8.19 包 裹

包裹变形器是一种可以将一个对象沿着另一个对象表面进行变形的变形器。它可以将一个对象的形状"包裹"在另一个对象表面上，从而实现各种有趣的效果。执行主菜单→创建→变形器→包裹 包裹，创建一个包裹对象，再创建一个立方体，增加分段数，将立方体沿 Z 轴缩放，如图 8-66 所示。

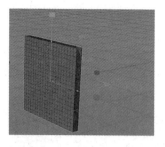

图 8-66　增加立方体分段数

将包裹对象作为立方体的子对象，如图 8-67 所示。

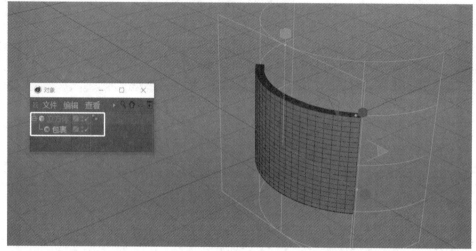

图 8-67　将包裹对象作为立方体的子对象

包裹变形器对象选项卡的参数设置如图 8-68 所示。

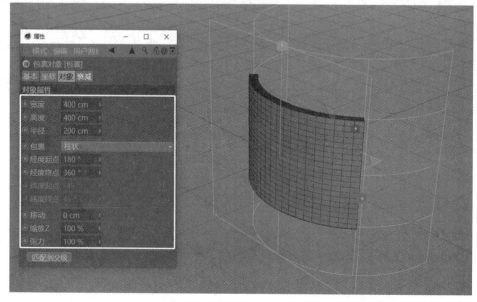

图 8-68　对象选项卡参数设置

- **宽度**：设置包裹物体的范围，值越高包裹的范围越窄，如图 8-69(a)和(b)所示。

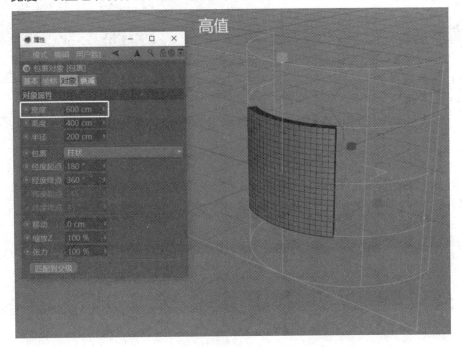

(a)

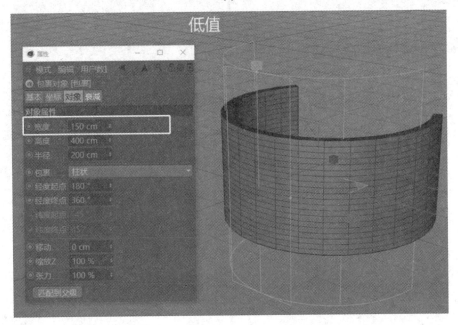

(b)

图 8-69 宽度参数设置

- **高度**：设置包裹的高度。
- **半径**：设置包裹物体的半径大小。
- **包裹**：包含两种类型，分别是"柱状"和"球状"，如图 8-70(a)和(b)所示。

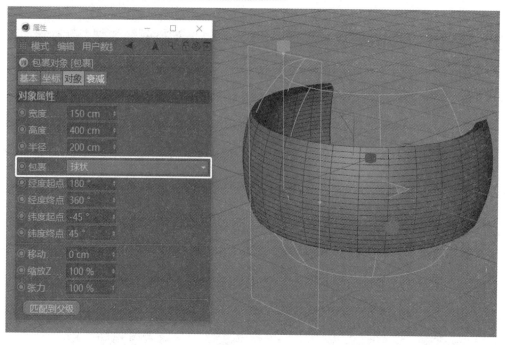

(a)

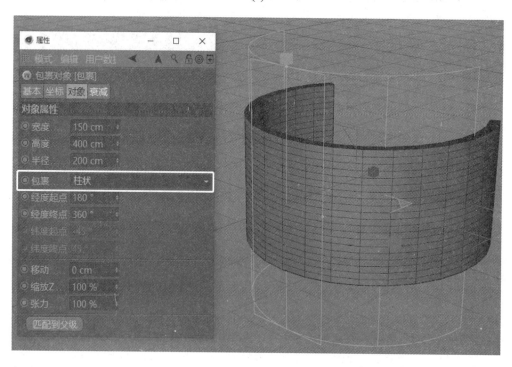

(b)

图 8-70　包裹参数设置

- **经度起点/经度终点，纬度起点/纬度终点**：设置包裹物体起点和终点的位置。
- **移动**：设置包裹物体在 Y 轴上的拉伸，如图 8-71(a)和(b)所示。

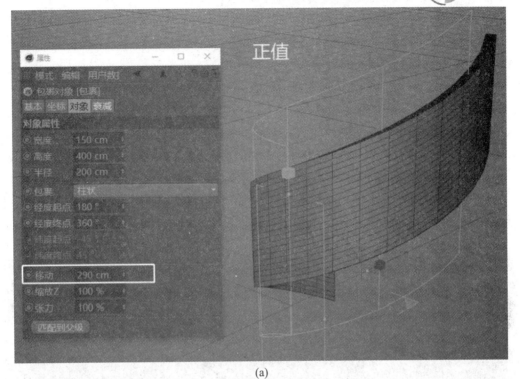

(a)

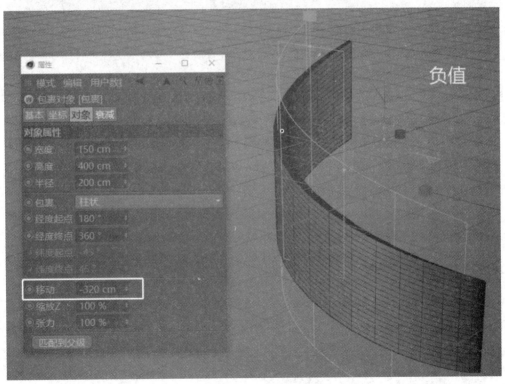

(b)

图 8-71 移动参数设置

- **缩放 Z**：设置包裹物体在 Z 轴上的缩放。
- **张力**：设置包裹变形器对物体施加的强度。

8.20　样　　条

样条变形器是一种可以通过一个或多个样条曲线来对对象进行变形的变形器。样条变形器可以用于各种情况，例如在角色动画中对角色进行柔性的变形，在建筑、雕塑等设计领域中对曲线进行自由变形等。执行主菜单→创建→变形器→样条 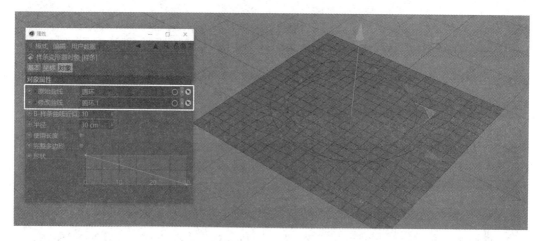 样条，创建一个样条对象，再创建一个平面和两个圆环样条，将样条变形器作为平面的子对象，然后把两个圆环样条分别拖入样条变形器属性面板→对象→原始曲线和修改曲线右侧的空白区域，如图 8-72 所示。

图 8-72　样条变形器

通过两个圆环样条之间的位置来控制平面的形变，可在属性面板对样条变形器进行设置。样条变形器对象选项卡参数设置如图 8-73 所示。部分对象属性介绍如下。

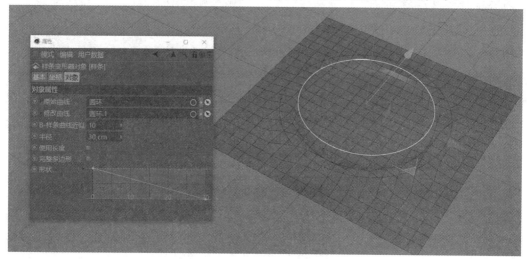

图 8-73　样条变形器对象选项卡

- **半径**：控制两个圆环样条之间的物体形变的半径大小，如图 8-74 所示。

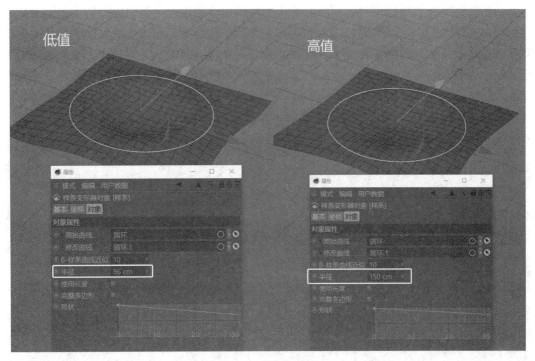

图 8-74 半径参数设置

- **完整多边形**：勾选该项后，物体的变形更圆滑。
- **形状**：通过曲线来控制物体的形状，如图 8-75 所示。

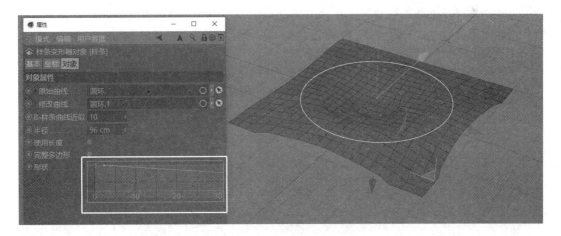

图 8-75 形状参数设置

8.21 导 轨

导轨变形器是一种可以通过沿着导轨进行变形的变形器。它是一种非常有用的工具，可以用于在动画和建模中创建复杂的形状和曲线。导轨变形器需要至少两条曲线来工作，其中一条曲线作为主导轨，另外一条曲线作为副导轨。通过在主导轨上创建控制点并将它们拖动到副导轨上，可以实现对对象的变形。导轨变形器可以沿着导轨拉伸、扭曲、弯曲和移动对象，从而创造出各种复杂的形状。执行主菜单→创建→变形器→导轨 **导轨**，创建一个导轨对象；再创建一个立方体，提高立方体分段数；并绘制两个样条曲线，将导轨作为立方体的子对象；然后将两个样条曲线分别拖入导轨属性面板→对象→左边 Z 曲线和右边 Z 曲线右侧的空白区域，如图 8-76 所示。

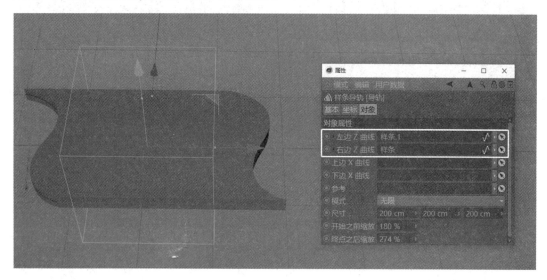

图 8-76　导轨变形器

通过两个样条曲线的位置来控制立方体的形变，可进入属性面板对导轨进行设置。导轨变形器对象选项卡，如图 8-77 所示。

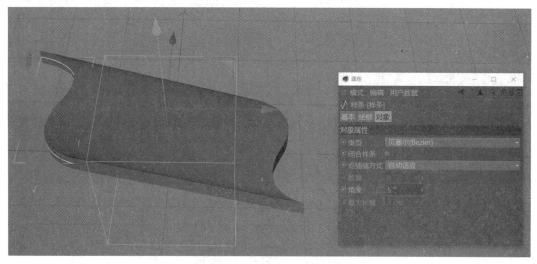

图 8-77　导轨变形器对象选项卡

- **模式**：有三种类型，分别为"限制""框内""无限"。
- **尺寸**：通过对 X、Y、Z 轴进行缩放来控制物体的形变。

8.22 样条约束

样条约束变形器用于将一个样条对象"包裹"在另一个对象表面，从而使得样条对象跟随着该对象的形状进行变形。执行主菜单→创建→变形器→样条约束 样条约束，创建一个样条约束对象，再分别创建一个胶囊和一段螺旋线，提高胶囊的分段数，如图 8-78 所示。

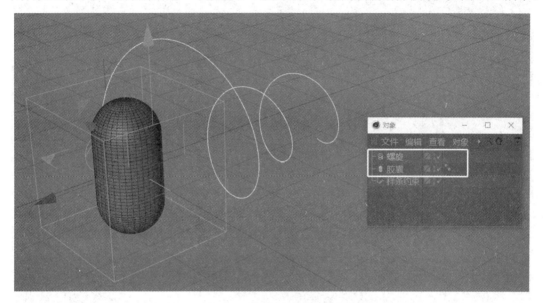

图 8-78 样条约束变形器

单击对象选项卡，将样条约束作为胶囊的子对象，进入样条约束的属性面板→对象→样条，将螺旋线拖入样条右侧的空白区域，轴向改为和胶囊的轴向一致，这里是 Y 轴正方向，如图 8-79 所示。

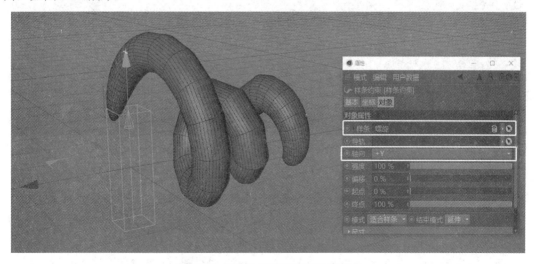

图 8-79 样条约束变形器对象选项卡

- **强度**：设置样条对模型的约束强度。
- **偏移**：设置模型在样条上的偏移大小。
- **起点/终点**：设置模型在样条上的起点和终点位置。
- **尺寸/旋转**：通过曲线来控制模型和样条的尺寸与旋转，如图 8-80、图 8-81 所示。

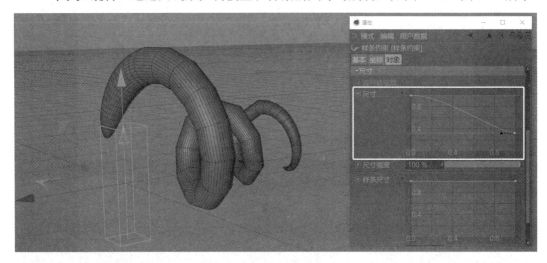

图 8-80　尺寸参数设置

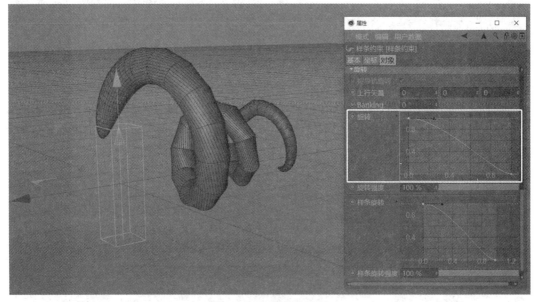

图 8-81　旋转参数设置

8.23　摄　像　机

摄像机变形器允许用户将一个摄像机对象用作变形器，并对被变形的对象进行扭曲、拉伸等变形操作。执行主菜单→创建→变形器→摄像机，创建一个摄像机变形器对象，再创建一个胶囊和一个摄像机，将摄像机变形器作为胶囊的子对象，如图 8-82 所示。

图 8-82　摄像机变形器

单击对象选项卡，进入摄像机属性面板→对象→摄像机，将摄像机拖入摄像机参数右侧的空白区域，如图 8-83 所示。

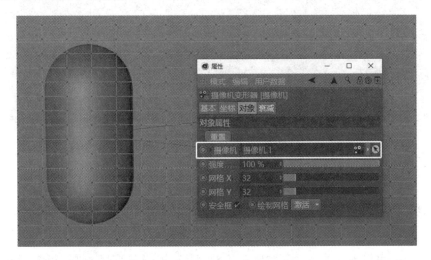

图 8-83　摄像机变形器对象选项卡

- **强度**：该参数控制摄像机变形器对模型的变形强弱(这里需要进入点层级，通过调整网点的位置对模型进行变形)，如图 8-84、图 8-85 所示。

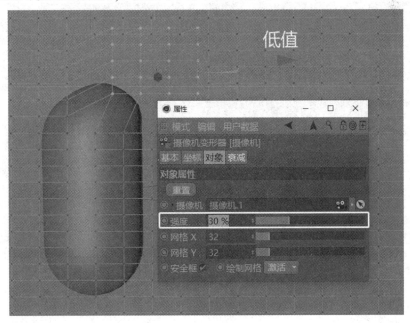

图 8-84　强度参数设置 1

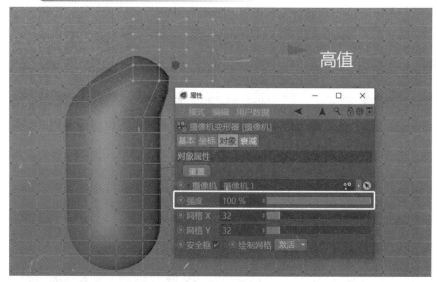

图 8-85　强度参数设置 2

- **网格 X/网格 Y**：该参数控制网格的疏密程度。

8.24　碰　　撞

碰撞变形器可以模拟物体之间的碰撞效果，并对被变形的对象进行相应的形变。执行主菜单→创建→变形器→碰撞，创建一个碰撞变形器对象，再新建一个平面和一个球体，将碰撞作为平面的子对象，如图 8-86 所示。

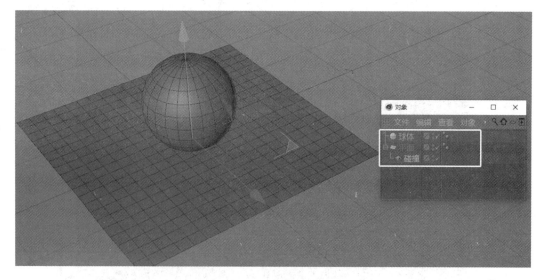

图 8-86　碰撞变形器

单击对象选项卡，进入碰撞的属性编辑面板→碰撞器→对象，把球体拖入对象右侧的空白区域，如图 8-87 所示。

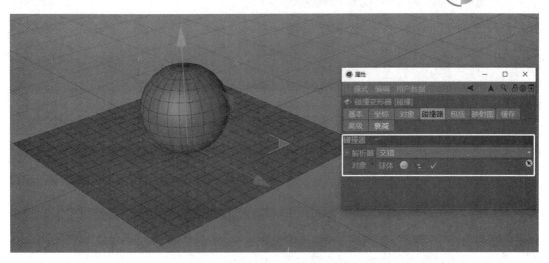

图 8-87　碰撞变形器对象选项卡

8.25　置　　换

　　置换变形器是一种可以使用纹理图像对几何体进行变形的变形器类型。该变形器可以用来创建各种有趣的效果,例如模拟水波、地形、石头、木纹等。执行主菜单→创建→变形器→置换,创建一个置换变形器对象,新建一个平面(增加一些分段数),将置换作为平面的子对象,进入置换属性面板→着色→着色器,把需要的图片导入着色器,如图 8-88 所示。

　　对象选项卡中的强度/高度选项表示控制置换的强弱大小和整体高度。

　　着色选项卡中的贴图选项表示通过偏移 X / Y、长度 X / Y、平铺来控制贴图的位置和形状。

TVart

图 8-88　置换的贴图选项

8.26 公　式

公式变形器是一种基于数学公式计算来对几何体进行变形的变形器类型。该变形器可以通过编写简单的数学公式来创建各种有趣的效果，例如扭曲、曲线、噪声等。执行主菜单→创建→变形器→公式  公式，创建一个公式变形器对象，新建一个平面，将公式作为平面的子对象。

公式变形器对象选项卡的参数设置如图 8-89 所示。

图 8-89　公式变形器

公式变形器对象的效果选项提供六种类型，分别为"手动""球状""柱状""X 半径""Y 半径"和"Z 半径"，如图 8-90～图 8-95 所示。

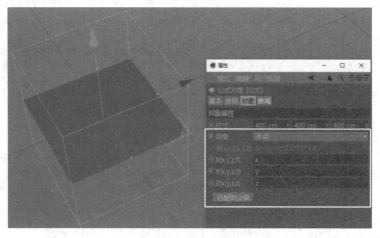

图 8-90　"手动"效果

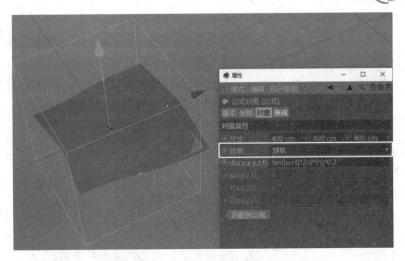

图 8-91　"球状"效果

图 8-92　"柱状"效果

图 8-93　"X 半径"效果

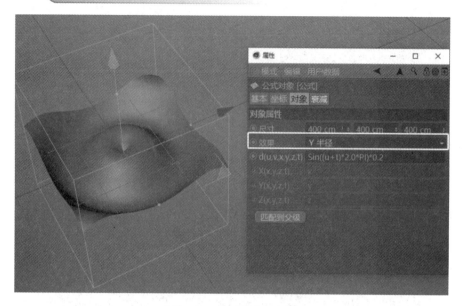

图 8-94   "Y 半径"效果

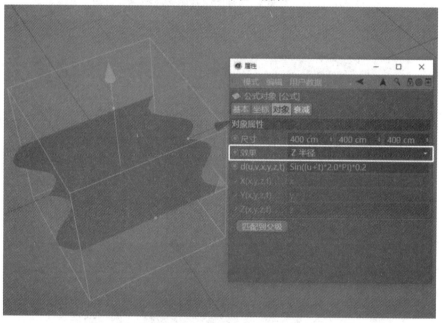

图 8-95   "Z 半径"效果

8.27 风 力

风力变形器是一种基于风力方向和强度来对几何体进行变形的变形器类型。该变形器可以模拟风力对物体的影响,创建出具有动态效果的风景或动画。执行主菜单→创建→变形器→风力 ,创建一个风力变形器对象,新建一个平面,将风力作为平面的子对象。风力变形器对象选项卡的参数设置如图 8-96 所示。

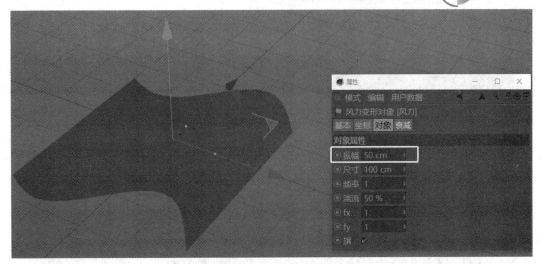

图 8-96　风力变形器

- **振幅**：设置模型形状的波动范围。
- **尺寸**：设置模型形状的波动大小，数值越小波动越大，如图 8-97 所示。
- **频率**：设置模型波动的频率快慢。
- **湍流**：设置模型波动的形状。

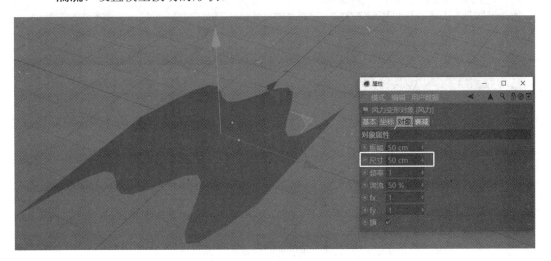

图 8-97　尺寸参数设置

8.28　平　　滑

　　平滑变形器可以平滑一个对象的表面，并让其变得更加圆滑、流畅。它通常用于修复对象中的几何缺陷，如尖角、棱角等，并使其表面更加均匀。平滑变形器的工作原理是对一个对象的顶点进行平均化处理。在变形器的参数设置中，可以控制平滑的程度以及对于几何细节的保留程度。此外，平滑变形器还可以通过边界、角度以及边缘的锐利程度等属性来控制平滑处理的范围和方式。执行主菜单→创建→变形器→平滑　　平滑，创建一个平滑变形器对象，新建一个球体，转换为多边形对象，进入点模式，移动球体上的点，这时将平滑作为球体的子对象，如图 8-98 所示。

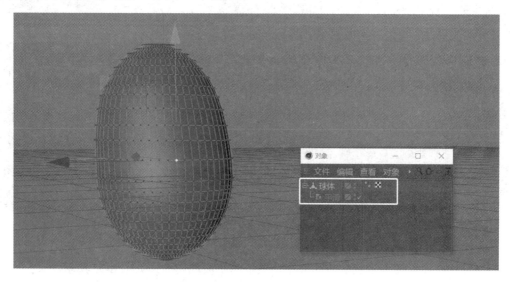

图 8-98　平滑变形器

平滑变形器对象选项卡参数设置如图 8-99 所示。

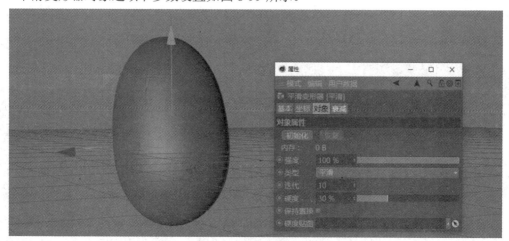

图 8-99　平滑变形器对象选项卡

- **强度**：设置平滑的程度大小。
- **类型**：有 3 种类型，分别为"平滑""松弛""强度"。
- **硬度**：设置平滑的软硬程度，值越小越圆滑。

8.29　倒　　角

倒角变形器是一种将边缘倒角的变形器类型。该变形器可以用来创建各种几何体的倒角效果，比如圆角、斜角等。执行主菜单→创建→变形器→倒角 ⬛ 倒角 ，创建一个倒角对象，新建立方体，将倒角作为立方体的子对象。在属性面板中可以设置倒角的相关参数，如图 8-100 所示。

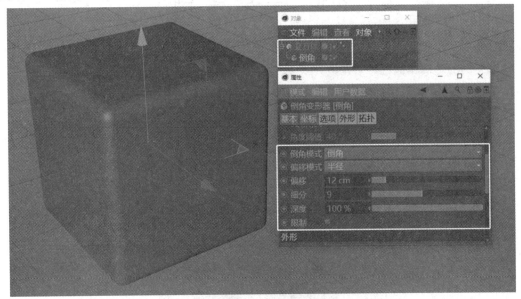

图 8-100　倒角变形器

倒角变形器对象选项卡参数设置如图 8-101 所示。

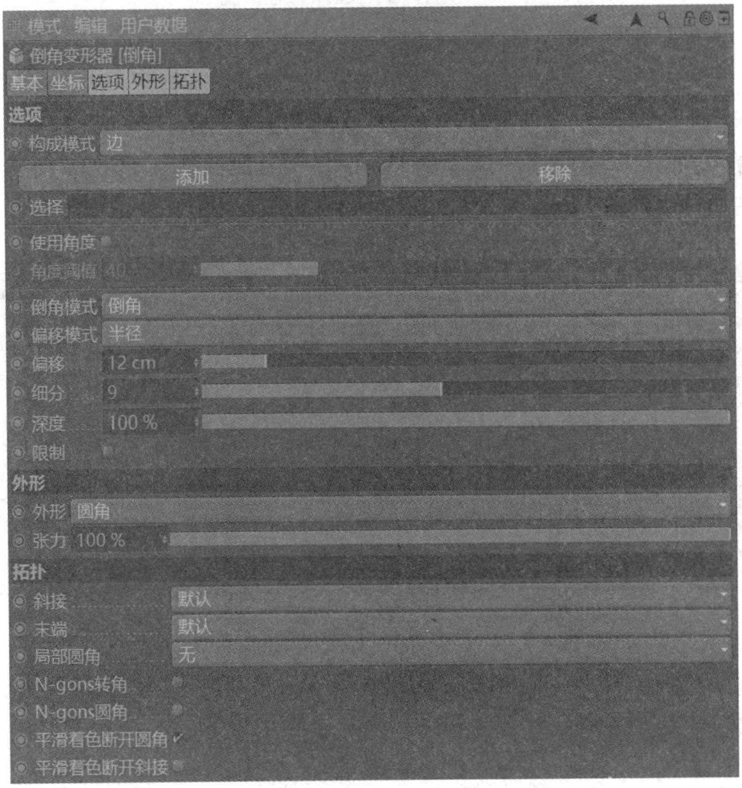

图 8-101　倒角变形器对象选项卡

8.30　课　堂　案　例

案例一：用螺旋变形器制作笔筒

本案例的笔筒由圆柱、管道和螺旋变形器制作而成，模型效果如图 8-102 所示。

图 8-102　笔筒效果图

具体制作步骤如下：

（1）在场景中创建一个"圆柱" 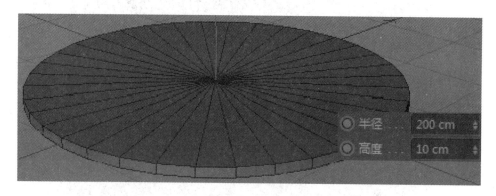 ，然后设置"半径"为 200 cm，"高度"为 10 cm，如图 8-103 所示。

图 8-103　创建圆柱

（2）在场景中创建一个"管道" ，然后设置"内部半径"为 190 cm，"外部半径"为 200 cm，"高度"为 500 cm，如图 8-104 所示。

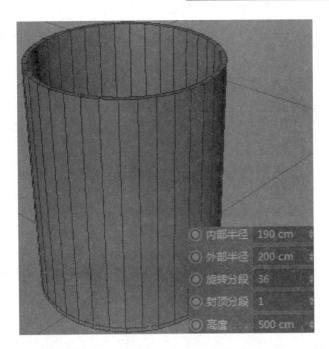

图 8-104　创建管道

(3) 单击"螺旋"按钮 <!-- -->，添加螺旋变形器，然后设置"尺寸"为 250 cm、200 cm、250 cm，接着设置"角度"为 100°，具体参数设置及模型效果如图 8-105 所示。

(4) 调整变形器外框的位置，模型最终效果如图 8-106 所示。

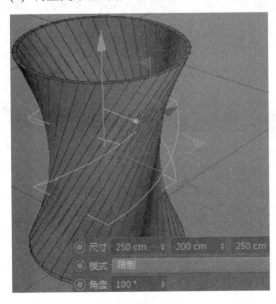

图 8-105　添加螺旋变形器效果

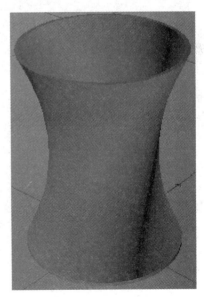

图 8-106　模型最终效果图

案例二：用 FFD 变形器制作抱枕

本案例的抱枕由立方体和 FFD 变形器制作而成，模型效果如图 8-107 所示。

具体制作步骤如下：

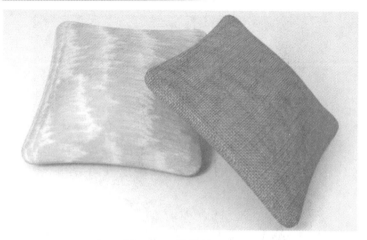

图 8-107　抱枕效果图

（1）在场景中创建一个"立方体" 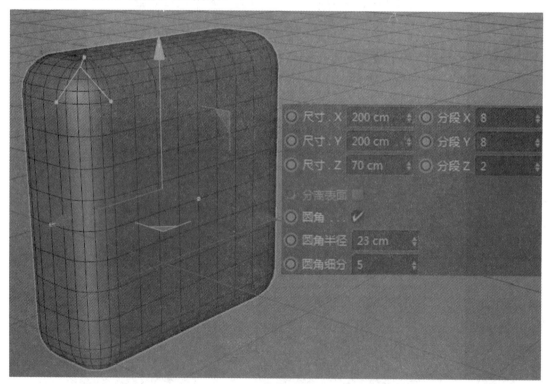立方体，然后设置"尺寸.Z"为 70 cm，"分段.X"和"分段.Y"为 8，"分段.Z"为 2，接着勾选"圆角"选项，并设置"圆角半径"为 23 cm，"圆角细分"为 5，如图 8-108 所示。

图 8-108　创建立方体

（2）单击"FFD"按钮 FFD，为立方体添加 FFD 变形器，然后将 FFD 变形器放置于"立方体"的下方，接着进入"点"模式，调整 FFD 网格点的位置，如图 8-109 所示。

（3）退出"点"模式，取消显示变形器网格，抱枕模型最终效果如图 8-110 所示。

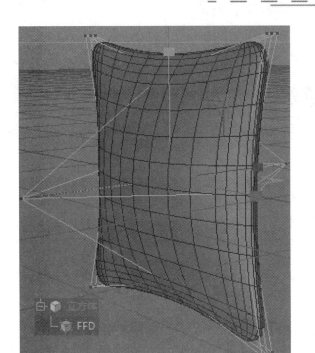
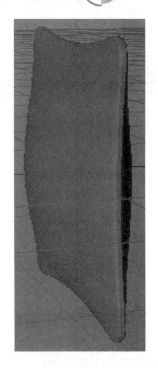

图 8-109 添加 FFD 变形器　　　　图 8-110 抱枕模型最终效果图

课后练习

运用 C4D 中的变形器工具制作如图 8-111 所示的苹果三维模型。

图8-111 苹果三维模型

第9章   对象和样条的编辑操作

> 本章主要详述 C4D 中多边形对象和样条的选择及编辑操作，包括多边形可编辑对象中
各种对象编辑命令的使用方法、编辑样条中 26 种命令使用方法等，同时搭配相关案例操作。
通过本章的学习，能灵活运用 C4D 多边形建模和样条线建模这两种方法创建三维模型。

9.1 编 辑 对 象

对象包含三种元素，分别为点、边和面。对象的操作是建立在这三种元素的基础上的，
想要对这些元素进行编辑，需要切换到相应的编辑模式下，按回车键可以在编辑模式之间
进行切换。

当把参数对象转换成多边形对象后，右键选择命令菜单可对多边形对象进行编辑，图
9-1、图 9-2、图 9-3 所示分别为多边形对象点模式选择命令菜单、边模式选择命令菜单和
面模式选择命令菜单。

图 9-1   点模式选择命令菜单

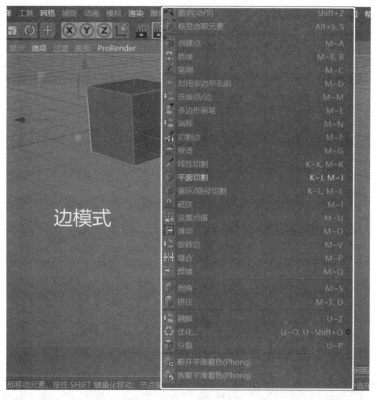

图 9-2　边模式选择命令菜单

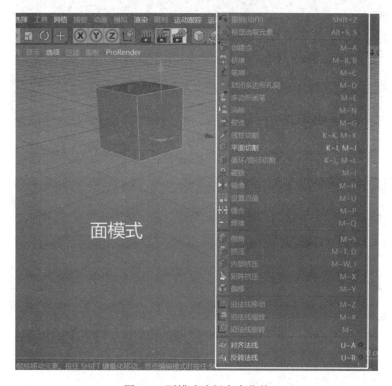

图 9-3　面模式选择命令菜单

1. 创建点

创建点命令存在于点、边、面模式下，执行该命令，并在多边形对象的边面上单击，即可生成一个新的点，如图 9-4 所示。

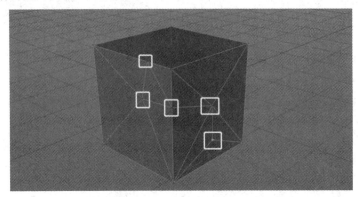

图 9-4 在多边形对象上创建点

2. 桥接

桥接命令存在于点、边、面模式下，需要在同一多边形对象下执行(如果是两个对象则需要先对其执行右键对象→连接对象命令)。在点模式下，执行该命令，需依次选择三到四个点生成一个新的面，如图 9-5 所示。

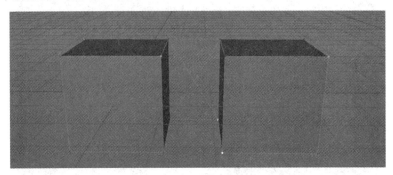

图 9-5 在点模式下桥接对象

在边模式下，执行该命令，需依次选择两条边生成一个新的面，如图 9-6 所示。

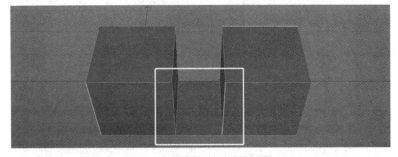

图 9-6 在边模式下桥接对象

在面模式下，先选择两个面，执行该命令，再在空白区域单击，出现一条与面垂直的白线，释放鼠标，则使两个选择的面桥接起来，如图 9-7 和图 9-8 所示。

图 9-7　在面模式下桥接对象

图 9-8　桥接后的效果

3. 笔刷

笔刷命令存在于点、边、面模式下，执行该命令，可以以软选择的方式对多边形进行雕刻涂抹，如图 9-9 所示。

4. 封闭多边形孔洞

封闭多边形孔洞命令存在于点、边、面模式下，当多边形有开口边界时，可以执行该命令，把开口的边界闭合，如图 9-10 所示。

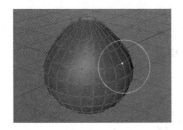 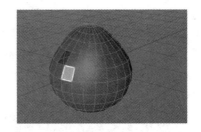

图 9-9　笔刷命令　　　　　图 9-10　封闭多边形孔洞命令

5. 连接点/边

连接点/边命令存在于点、边模式下。在点模式下，选择两个不在一条线上但相邻的两点，执行该命令，两点间将出现一条新的边，如图 9-11 所示。

在边模式下，选择相邻边，执行该命令，经过选择边的中点出现新的边；选择不相邻的边，执行该命令，所选边在中点位置细分一次，如图 9-12 所示。

图 9-11　在点模式下使用连接点/边命令　　　图 9-12　在边模式下使用连接点/边命令

6. 多边形画笔

多边形画笔命令存在于点、边、面模式下，执行该命令，可以自由绘制多边形对象，也可以在原多边形对象的基础上扩展，如图 9-13 所示。

图 9-13　多边形画笔命令

7. 消除

消除命令存在于点、边、面模式下，执行该命令，可以移除一些点、边、面，形成新的多边形拓扑结构。

> **注意：** 该命令有别于删除，"消除"命令执行后多边形对象不会出现孔洞，而删除会出现孔洞。

8. 切割边

切割边命令只存在于边模式下，选择要切割的边，执行该命令，可以在所选择的边之间插入环形边，与"连接点/边"命令类似。不同的是该命令可以插入多条环形边，并可以用属性面板"选项"选项卡中的参数进行调节。"偏移"可控制新创建边的添加位置；"缩放"可控制新创建边的间距；"细分数"可控制新创建边的数量；不要勾选"创建 N-gons"，否则会不显示分割的边，如图 9-14 所示。

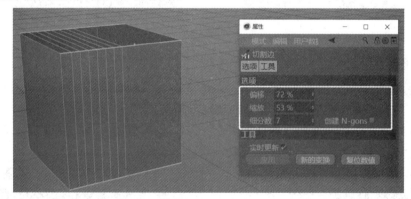

图 9-14　切割边命令

9. 熨烫

熨烫命令存在于点、边、面模式下，执行该命令，按住左键拖曳来调整点、线、面的平整程度。

10. 线性切割

线性切割命令存在于点、边、面模式下，这是非常重要的一个命令，它可以自由切割多边形。按住左键拖曳画出一条直线，直线或直线的视图映射与多边形对象的交叉处出现新的点，并且出现新的连接边。在属性面板"选项"选项卡中可以更改线性切割的模式：切割、分割、移除 A 部分、移除 B 部分，如图 9-15 所示。

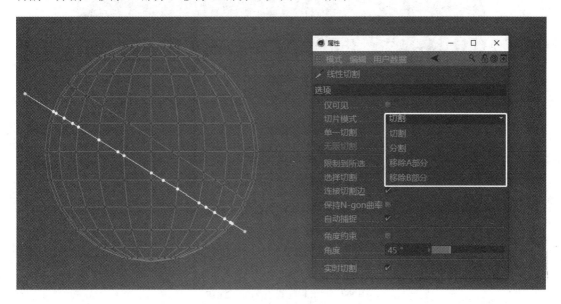

图 9-15　线性切割命令

11. 磁铁

磁铁命令存在于点、边、面模式下，该命令类似于"笔刷"命令，执行该命令，也可以以软选择的方式对多边形进行雕刻涂抹，如图 9-16 所示。

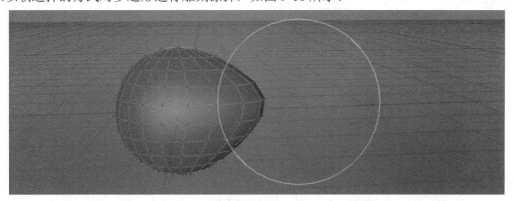

图 9-16　磁铁命令

12. 镜像

镜像命令存在于点、面模式下，想要精确复制对象，需要在属性面板"镜像"选项卡中设置好镜像的"坐标系统"和"镜像平面"的参数。

在点模式下执行该命令，可以对点进行镜像，如图 9-17 所示。

图 9-17　在点模式下执行镜像命令

在面模式下执行该命令，可以对面进行镜像，如图 9-18 所示。

图 9-18　在面模式下执行镜像命令

13. 设置点值

设置点值命令存在于点、边、面模式下，执行该命令，可以对选择的点、边、面的位置进行调整。

14. 滑动

滑动命令存在于点、边模式下，执行该命令，拖曳选择的点或者边，使其在所在的边或者平面上进行偏移，如图 9-19 所示。

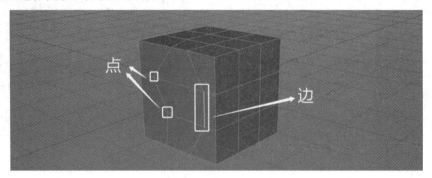

图 9-19　滑动命令

15. 旋转边

旋转边命令只存在于边模式下，选择一条边，执行该命令，所选择的边就会以顺时针的方向旋转连接至下一个点上，如图 9-20 和图 9-21 所示。

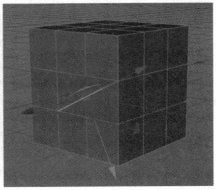

图 9-20　旋转边命令 1　　　　　　　图 9-21　旋转边命令 2

16. 缝合

缝合命令存在于点、边、面模式下，执行该命令，可以实现点与点、边与边以及面与面的对接。

17. 焊接

焊接命令存在于点、边、面模式下，执行该命令，使所选择的点、边、面合并在指定的一个点上。

18. 倒角

倒角命令存在于点、边、面模式下，执行该命令后，所选择的元素会形成倒角。倒角可以用属性面板"选项"选项卡中的参数进行调节，"挤出"控制挤压的高度；"内部偏移"控制向内挤压的宽度；"细分数"控制挤压的段数；"创建 N-gons"正常情况下会取消勾选。选择一个点，执行该命令，所选择的点会形成倒角，如图 9-22 所示。

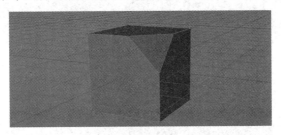

图 9-22　在点模式下执行倒角命令

选择一条边，执行该命令，所选择的边会形成倒角，如图 9-23 所示。

图 9-23　在边模式下执行倒角命令

选择一个面，执行该命令，所选择的面会形成倒角，如图 9-24 所示。

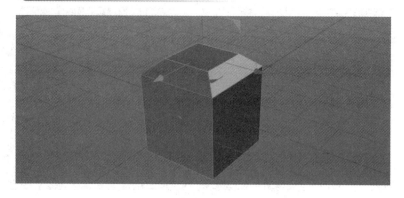

图 9-24　在面模式下执行倒角命令

19. 挤压

挤压命令存在于点、边、面模式下，执行该命令后，所选择的元素会被挤压。挤压的程度可以用属性面板"选项"选项卡中的参数进行调节，"偏移"控制挤压的高度；"细分数"控制挤压的段数；"创建 N-gons"正常情况下会取消勾选。选择一个点，执行该命令，所选择的点会被挤压，如图 9-25 所示。

图 9-25　在点模式下执行挤压命令

选择一条边，执行该命令，所选择的边会被挤压，如图 9-26 所示。

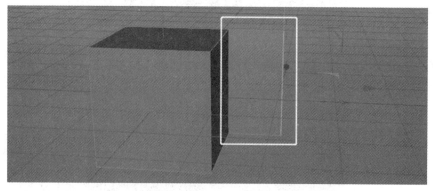

图 9-26　在边模式下执行挤压命令

选择一个面，执行该命令，所选择的面会被挤压，如图 9-27 所示。

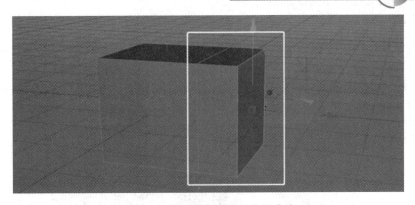

图 9-27 在面模式下执行挤压命令

20. 内部挤压

内部挤压命令只存在于面模式下。执行该命令，可以使选择的面上挤压插入一个新的面。内部挤压的程度可以用属性面板"选项"选项卡中的参数进行调节，"偏移"控制向内挤压的宽度；"细分数"控制向内挤压形成的分段数，如图 9-28 所示。

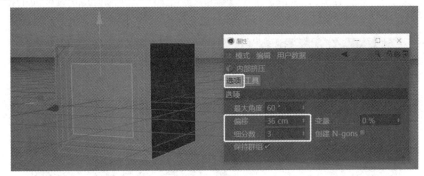

图 9-28 内部挤压命令

21. 矩阵挤压

矩阵挤压命令只存在于面模式下。选择一个面，执行该命令，可以出现重复挤压的效果。矩阵挤压的程度可以用属性面板"选项"选项卡中的步、移动、旋转、缩放等参数的调节来达到不同的效果，如图 9-29 所示。

图 9-29 矩阵挤压命令

22. 偏移

偏移命令只存在于面模式下，有些类似"挤压"命令。当选择一个面执行该命令时，二者没有区别；当选择两个或两个以上的面执行该命令时，结果就不同了，以下为选择三个面分别进行"挤压"和"偏移"命令，左边为执行"挤压"命令，右边为执行"偏移"命令，如图9-30所示。

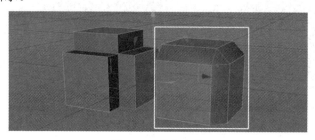

图9-30　偏移命令

23. 沿法线移动

沿法线移动命令只存在于面模式下，执行该命令后，选择的面将沿该面的法线方向移动，如图9-31所示。

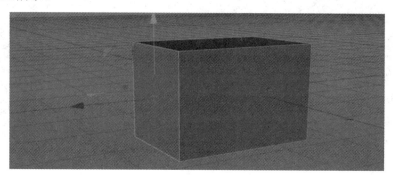

图9-31　沿法线移动命令

24. 沿法线缩放

沿法线缩放命令只存在于面模式下，执行该命令后，选择的面将在垂直于该面的法线的平面上缩放，如图9-32所示。

图9-32　法线缩放命令

25. 沿法线旋转

沿法线旋转命令只存在于面模式下，执行该命令后，选择的面将以该面的法线为轴旋转，如图9-33所示。

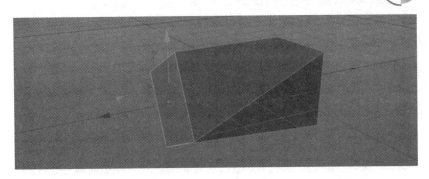

图 9-33　沿法线旋转命令

26. 对齐法线

对齐法线命令只存在于面模式下，即统一法线，执行该命令后，将使所有选择面的法线统一，如图 9-34 所示。

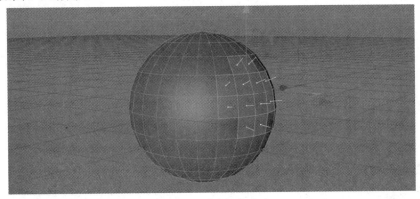

图 9-34　对齐法线命令

27. 反转法线

反转法线命令只存在于面模式下，执行该命令后，将使选择面的法线反转，如图 9-35 所示。

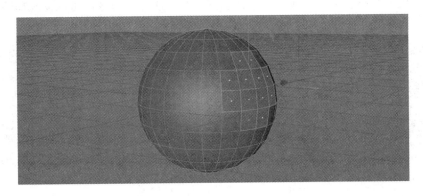

图 9-35　反转法线命令

28. 阵列

阵列命令存在于点和面模式下，在面模式下执行该命令后，可以按一定的规则来复制选择的面，排列的方法和位置以及数量可以通过属性面板"选项"选项卡中的参数进行调节，如图 9-36 所示。

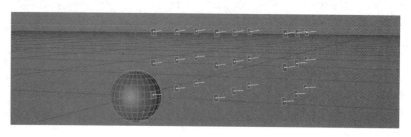

图 9-36 阵列命令

29. 克隆

克隆命令存在于点和面模式下，类似于"阵列"命令，只是效果略有不同，在面模式下执行该命令后，形成面的克隆，如图 9-37 所示。

图 9-37 克隆命令

30. 坍塌

坍塌命令只存在于面模式下，选择一个面执行该命令，选择的面将会坍塌消失形成一个点，如图 9-38 所示。

31. 断开连接

断开连接命令存在于点和面模式下，选择一个面执行该命令，可以使选择的面从多边形对象上分离出来，如图 9-39 所示。

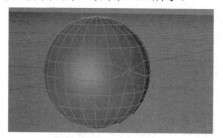

图 9-38 坍塌命令

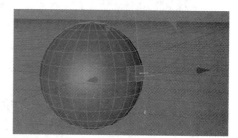

图 9-39 断开连接命令

32. 融解

融解命令存在于点、边、面模式下，选择一个点，执行该命令，结果是选择的点和与这个点相邻的线都被融解消除了，如图 9-40 所示。

选择一条边，执行该命令，结果是选择边被融解消除了，如图 9-41 所示。

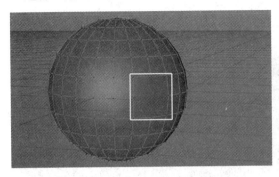

图 9-40　在点模式下执行融解命令

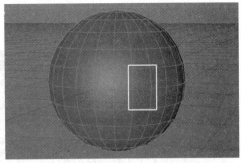

图 9-41　在边模式下执行融解命令

选择一些相邻的面，执行该命令，结果是选择的面合并成了一个整体的面，如图 9-42 和图 9-43 所示。

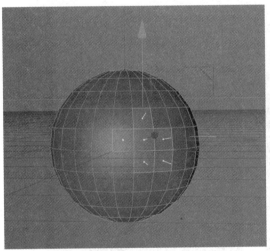

图 9-42　在面模式下执行融解命令 1

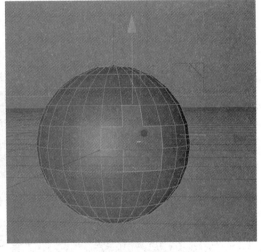

图 9-43　在面模式下执行融解命令 2

33. 优化

优化命令存在于点、边、面模式下，该命令用于对多边形的优化，尤其是可以合并相邻近未焊接的点，可以消除残余的空闲点，还可通过优化公差来控制焊接范围，如图 9-44 所示。

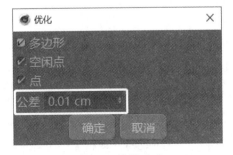

图 9-44　优化命令

34. 分裂

分裂命令只存在于面模式下，选择面执行该命令，选择的面将被复制出来并成为一个独立的多边形，如图 9-45 所示。

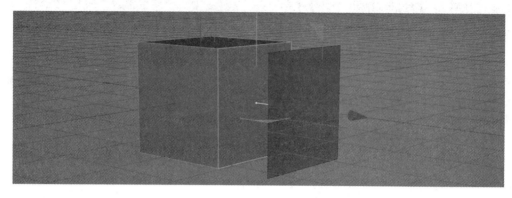

图 9-45　分裂命令

35. 断开平滑着色

断开平滑着色命令只存在于边模式下，选择边执行该命令，选择的边将不会进行平滑着色，渲染结果就是一个不光滑的硬边，如图 9-46 和图 9-47 所示。

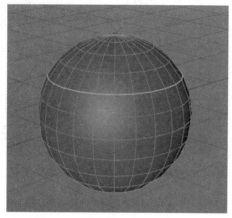

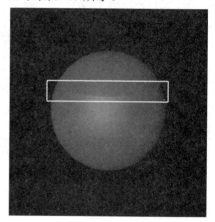

图 9-46　断开平滑着色命令选择边　　　　图 9-47　断开平滑着色命令效果

36. 恢复平滑着色

恢复平滑着色命令只存在于边模式下，选择已经断开平滑着色的边，执行该命令，可以使选择的边恢复正常。

37. 选择平滑着色断开边

选择平滑着色断开边命令只存在于边模式下，当不在该模式下时，可以执行该命令快速选出已经断开平滑着色的边。

38. 细分

细分命令只存在于面模式下，选择面执行该命令，选择的面将被细分成多个面，细分级别可以自主设置，如图 9-48 所示。

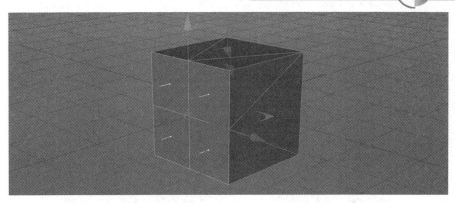

图 9-48　细分命令

39. 三角化

三角化命令只存在于面模式下，选择面执行该命令，选择的面将被分成三角面，如图 9-49 所示。

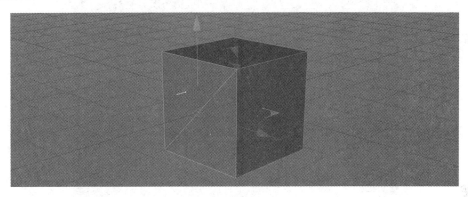

图 9-49　三角化命令

40. 反三角化

反三角化命令只存在于面模式下，选择已经被分成三角面的面执行该命令，选择的面将还原回原来的四边面。

41. 三角化 N-gons

三角化 N-gons 命令是当多边形对象为 N-gons 结构时，可执行该命令使多边形对象的 N-gons 结构都变成三角面。

42. 移除 N-gons

移除 N-gons 命令是当多边形对象为 N-gons 结构时，可执行该命令使多边形对象恢复成多边形结构。

9.2　编 辑 样 条

样条是通过指定一组控制点而得到的曲线，曲线的大致形状由这些点予以控制。

在样条的点模式下，可以通过右键选择命令菜单来对样条进行编辑，如图 9-50 所示。

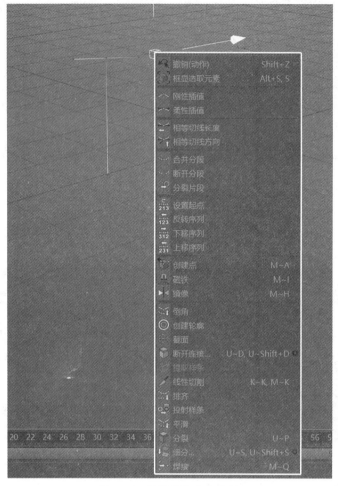

图 9-50　编辑样条命令菜单

1. 撤销(动作)

执行撤销命令，可进行返回操作，如同按 Shift + Z 组合键。

2. 框显选取元素

执行框显选取元素命令，所有选择的点将最大化显示在视图中，如图 9-51 所示。

图 9-51　执行框显选取元素命令

3. 刚性插值

执行刚性插值命令后的效果如图 9-52 所示。

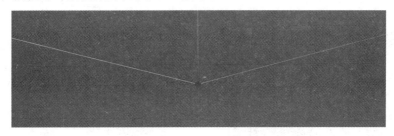

图 9-52 执行刚性插值命令

4. 柔性插值

执行柔性插值命令的效果如图 9-53 所示。

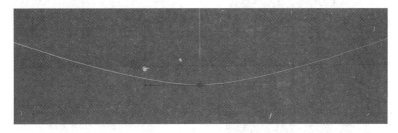

图 9-53 执行柔性插值命令

5. 相等切线长度

执行相等切线长度命令后，贝塞尔点两侧的手柄会变成一样长短，如图 9-54 所示。

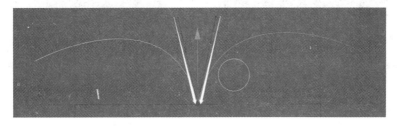

图 9-54 执行相等切线长度命令

6. 相等切线方向

执行相等切线方向命令后，贝塞尔点两侧的手柄会打平直，如图 9-55 所示。

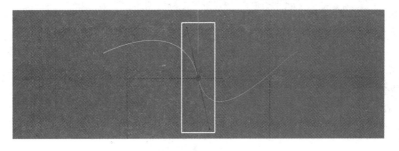

图 9-55 执行相等切线方向命令

7. 合并分段

选择同一样条内的两段非闭合样条中的任意两个首点或尾点，执行合并分段命令，使两段样条连接成一段样条，如图 9-56 和图 9-57 所示。

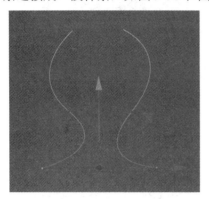

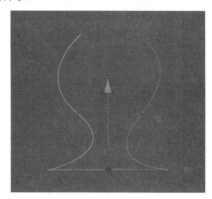

图 9-56　执行合并分段命令 1　　　　图 9-57　执行合并分段命令 2

8. 断开分段

选择一非闭合样条中除首尾点外的任意一点，执行断开分段命令，结果是与该点相邻的线段被去除，该点成为一个孤立的点，如图 9-58 和图 9-59 所示。

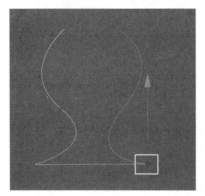

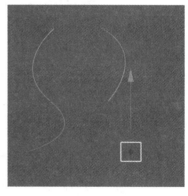

图 9-58　执行断开分段命令 1　　　　图 9-59　执行断开分段命令 2

9. 分裂片段

选择一个由多段样条组成的样条，执行分裂片段命令，结果使组成该样条的多段样条各自成为独立的样条，如图 9-60 所示。

图 9-60　执行分裂片段命令

10. 设置起点

在闭合样条中可以选择任意一点，执行设置起点命令，将选择的点设置为该样条的起始点；在非闭合样条中，只能选择首点或尾点来执行该命令。

11. 反转序列

可以通过执行反转序列命令来反转样条的方向。

12. 下移序列

在闭合样条执行下移序列命令后，样条的起始点变成样条的第二个点。

13. 上移序列

在闭合样条执行上移序列命令后，样条的起始点变成样条的倒数第二个点。

14. 创建点

执行创建点命令，添加点工具，在样条上单击加点。

15. 切刀

执行切刀命令，添加点工具，在视图中按左键拖曳出一条直线，只要与样条或样条的视图映射相交的地方就会添加点，如图 9-61 所示。

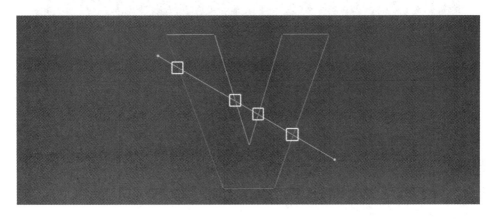

图 9-61   执行切刀命令

16. 磁铁

可以通过执行磁铁命令来对点进行类似软选择后的移动，如图 9-62 所示。

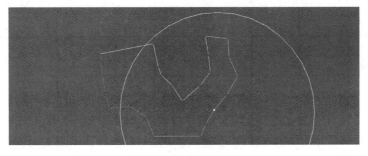

图 9-62   执行磁铁命令

17. 镜像

可以通过执行镜像命令来对样条进行水平或垂直的镜像，如图 9-63 所示。

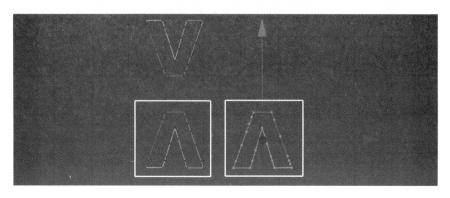

图 9-63　执行镜像命令

18. 倒角

执行倒角命令，选择一个点按住左键拖曳，形成一个圆角，如图 9-64 所示。

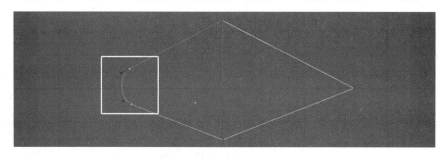

图 9-64　执行倒角命令

19. 创建轮廓

执行创建轮廓命令，按住左键拖曳，出现一个新的样条，新样条与原样条之间各部分都是等距的，如图 9-65 所示。

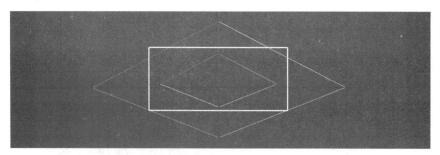

图 9-65　执行创建轮廓命令

20. 截面

选择两个样条执行截面命令，在视图中按鼠标左键拖曳出一条直线，只要与两样条相交就有新的样条生成，如图 9-66 所示。

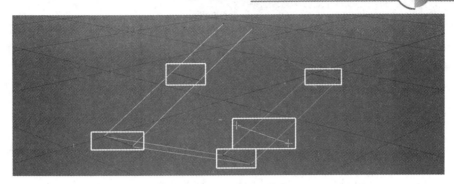

图 9-66　执行截面命令

21. 断开连接

执行断开连接命令，在样条上选择任意一点，该点将被拆分成两个点，如图 9-67 所示。

图 9-67　执行断开连接命令

22. 排齐

执行排齐命令，选择样条上所有的点，所有点将排列在以样条首点和尾点连接的直线上，如图 9-68 所示。

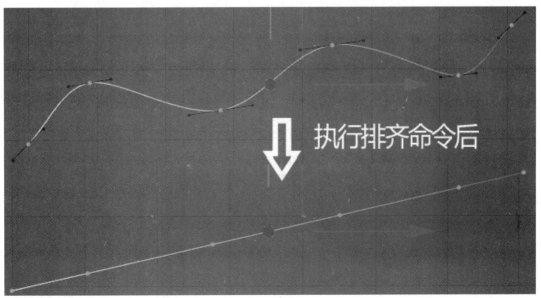

图 9-68　执行排齐命令

23. 投射样条

执行投射样条命令可以使样条投射到对象上。

24. 平滑

执行平滑命令，选择样条上相邻的两个或两个以上的点，按左键拖曳使样条上原来两个点之间的线段上出现更多的点。

25. 分裂

分裂功能和断开功能略有不同，当使用分裂命令时，断开连接的表面会留下一个单独的对象，原来的对象没有改变。

26. 细分

执行细分命令，选择样条，使样条整体上增加更多的点；选择样条上的局部点，执行该命令，样条局部会增加点，如图 9-69 和图 9-70 所示。

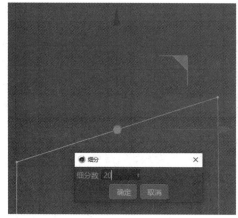

图 9-69　执行细分命令 1　　　　　　　图 9-70　执行细分命令 2

9.3　课堂案例

案例：用可编辑样条线制作霓虹灯

本案例的霓虹灯模型是由可编辑样条线和"扫描"生成器制作而成的，模型效果如图 9-71 所示。

图 9-71　霓虹灯效果图

(1) 在正视图中，单击"文本"按钮 Ｔ 文本 ，在场景中创建 618 的文本，然后在"对象属性"选项中设置"字体"为幼圆，如图 9-72 所示。

图 9-72 创建文本

(2) 单击"画笔"按钮 ✎ 画笔，在字体中绘制灯管，沿着笔画走向一笔成型，进入"点"模式，调整字体的点，让字体看起来更加圆滑，如图 9-73 所示。

(3) 将每个文字样条的首尾两端的点沿着 Z 轴向后移动一定的距离，如图 9-74 所示。

图 9-73 绘制灯管

图 9-74 调整文字样条首尾两端

(4) 创建一个"圆环" ◯ 圆环，然后设置"半径"为 3 cm，接着添加"扫描"生成器 ✎ 扫描，再将"圆环"和"样条"都放置于"扫描"生成器下方，如图 9-75 所示。这样，霓虹灯的发光管就做好了。

图 9-75 添加"扫描"生成器

(5) 选中"扫描"选项，然后按快捷键 Ctrl + C 进行复制，接着按快捷键 Ctrl + V 进行粘贴，再将"圆环"的"半径"修改为 6 cm，如图 9-76 所示。这样，霓虹灯的玻璃灯管就做好了。

图 9-76　复制生成霓虹灯玻璃灯管

（6）在场景中创建"圆柱"，然后设置"半径"为 8 cm，"高度"为 6 cm，接着将其复制并放置在灯管的末端，如图 9-77 所示。这样，霓虹灯的灯管尾部就做好了。

图 9-77　制作霓虹灯灯管尾部

（7）用"画笔"工具绘制电线，确保每一个灯管尾部都有电线相接，如图 9-78 所示。

（8）新建一个"圆环"，然后设置"半径"为 0.5 cm，接着添加"扫描"生成器，再将"圆环"和电线的"样条"放置在"扫描"的子层级，如图 9-79 所示。

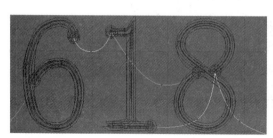

图 9-78　制作电线　　　　　　图 9-79　添加"扫描"生成器 1

（9）新建一个"立方体"，然后设置"尺寸.X"为 380 cm，"尺寸.Y"为 200 cm，"尺寸.Z"为 5 cm，接着勾选"圆角"选项，并设置"圆角半径"为 2.5 cm，"圆角细分"为 5，将立方体放置在灯管尾部的后方，模型最终效果如图 9-80 所示。

图 9-80　模型最终效果图

课后练习

1. 运用多边形建模方法制作如图 9-81 所示的马克杯模型。

图 9-81　马克杯模型

2. 运用样条线建模方法制作如图 9-82 所示的自行车模型。

图 9-82　自行车模型

3. 运用样条线和多边形建模方法制作如图 9-83 所示的游戏道具模型。

图 9-83　游戏道具模型

第10章 产 品 建 模

本章为企业项目案例操作，是本书前面所介绍的各知识点的综合应用，具体案例包括包括时钟建模、液晶显示器建模、家具电商场景建模。通过本章的操作，可进一步巩固使用 C4D 软件创建产品模型的工业流程和制作方法。

10.1 项目一：时钟建模

时钟建模效果图如图 10-1 所示。

图 10-1 时钟模型效果图

时钟建模的操作步骤如下：

(1) 新建一个圆盘当作钟面，再创建一个平面，高度和宽度分段设为 1，调整合适的大小，放置在 12 点钟的位置，如图 10-2 所示。

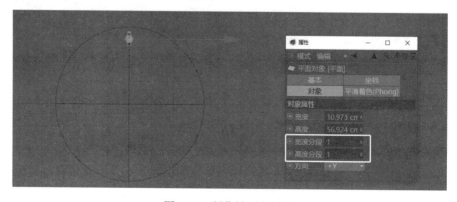

图 10-2 制作钟面和刻度

(2) 选择矩形，将其转化为多边形对象，激活使用对象轴模式和捕捉工具，移动对象轴到圆盘的中心点位置，如图 10-3 所示。

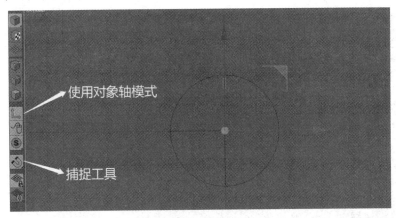

图 10-3　移动对象轴到圆盘中心点位置

(3) 取消使用对象轴模式和捕捉工具，执行工具→环绕对象→复制主菜单命令，进入复制属性面板→工具中，单击应用，如图 10-4 所示。再进入选项属性面板，调节模式为圆环，设置合适的半径大小(为方便观看，赋予平面一个黑色的普通材质)，如图 10-5 所示。

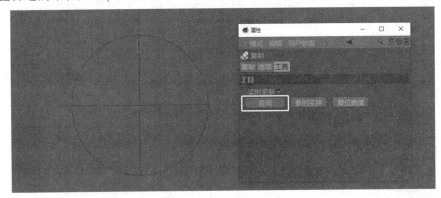

图 10-4　进入复制属性面板

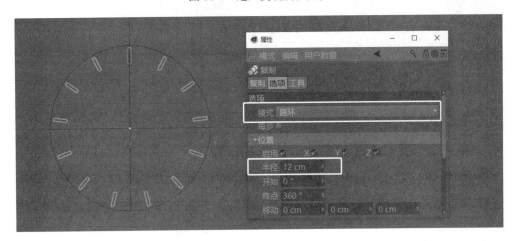

图 10-5　复制形成刻度

（4）新建一个圆柱，进入圆柱的属性面板→对象，调整合适大小和分段数，如图 10-6 所示，再进入封顶面板，勾选圆角和封顶，调节合适的分段和半径，如图 10-7 所示。

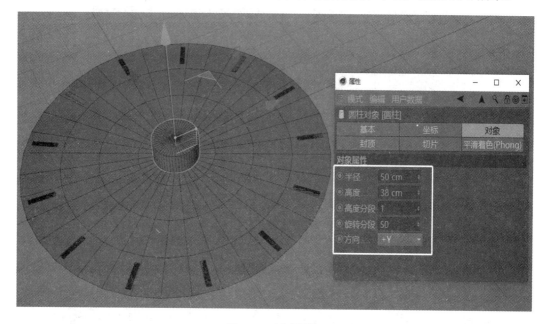

图 10-6　新建圆柱

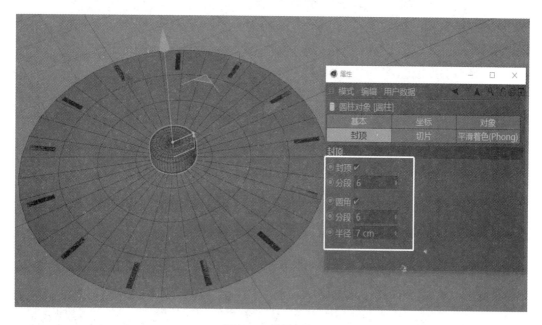

图 10-7　设置圆角

（5）选择圆柱，转化为多边形对象，进入面模式，单击实时选择工具，执行选择→循环选择主菜单命令，选择圆柱的面，如图 10-8 所示。按住键盘上的 D 键，执行挤压命令，如图 10-9 所示。

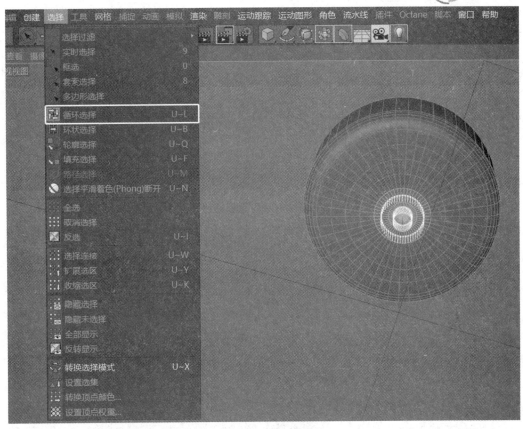

图 10-8 循环选择面

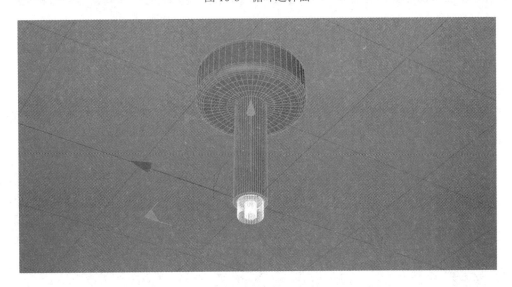

图 10-9 执行挤压命令

(6) 接着制作时针、分针和秒针，新建一个矩形样条和圆环样条，调至合适大小，如图 10-10 所示，创建一个样条布尔，把矩形和圆环拖曳到它的子层级中去，进入样条布尔的属性面板→对象，调整模式和轴向，如图 10-11 所示。

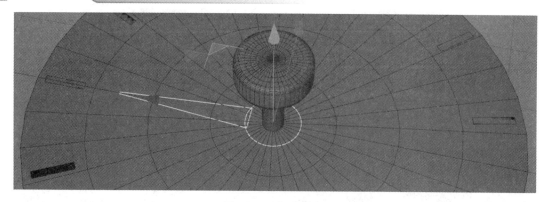

图 10-10　新建样条

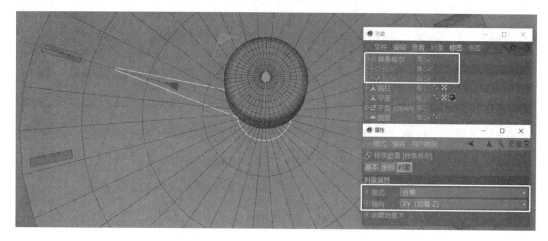

图 10-11　布尔样条对象

(7) 复制这个圆环，调整合适大小，给这个圆环和布尔样条再执行一个布尔样条命令，如图 10-12 所示。选择样条布尔 1，按住键盘上的 Alt 键，添加一个挤压 NURBS，进入属性面板→对象，修改其参数(赋予一个黑色材质，便于观察)，如图 10-13 所示。

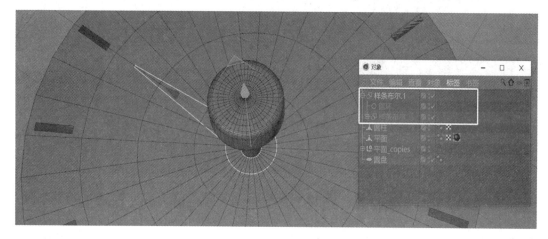

图 10-12　布尔样条

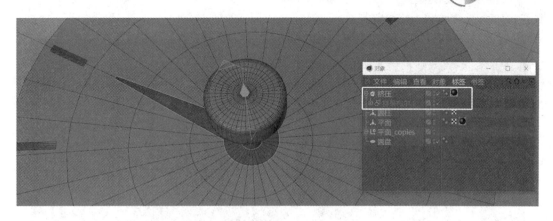

图 10-13 挤出样条

(8) 用同样的方法，可以得到分针。而秒针的制作方法有所不同，新建一个平面，修改高度/宽度分段为 1，调整合适大小，如图 10-14 所示。转化平面为多边形对象，进入边模式，选择两条边，右键执行切割边命令，进入切割边属性面板→选项，调整细分数为 2，取消创建 N-gons，最后单击边，如图 10-15 所示。

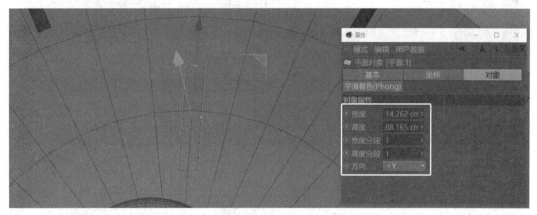

图 10-14 新建平面

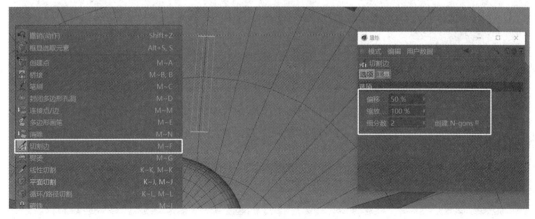

图 10-15 分割平面

(9) 再切换为点模式，调整点的位置，如图 10-16 所示，再进入边模式，选择边，右键执行挤压命令，如图 10-17 所示。

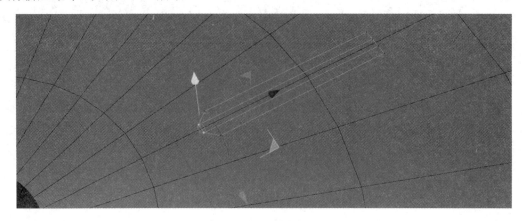

图 10-16　调整点位置

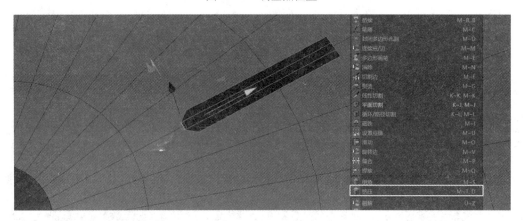

图 10-17　挤出时针

(10) 此时，时钟的内部结构已基本完成，如图 10-18 所示。

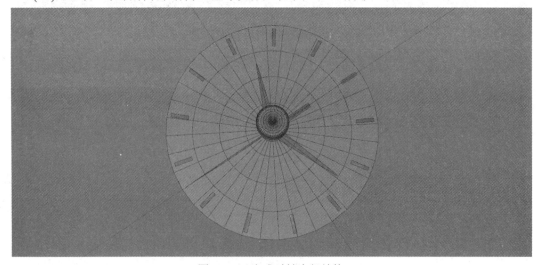

图 10-18　完成时钟内部结构

(11) 现在制作时钟的外壳部分，先建一个管道，进入其属性面板→对象，调整其参数，如图 10-19 所示。

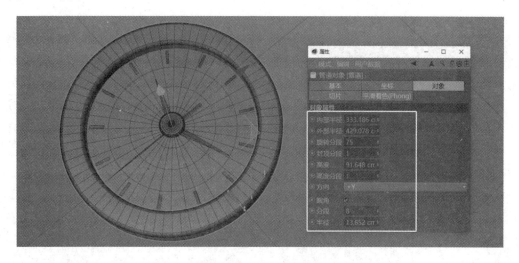

图 10-19　创建管道

(12) 复制管道，缩小比例，如图 10-20 所示，创建一个布尔，把两个管道拖入其子层级中(赋予一个金属的材质)，如图 10-21 所示。

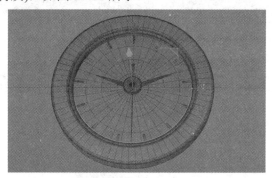

图 10-20　复制管道

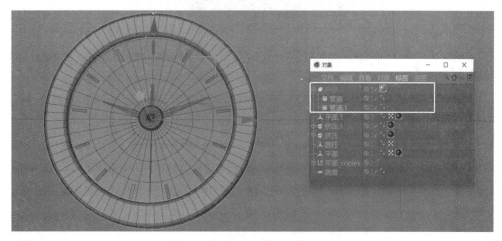

图 10-21　布尔管道

(13) 最后创建一个圆盘，当作时钟的镜面，为方便显示给圆盘添加一个显示标签，修改着色模式为网线，此时时钟的模型已经基本完成，如图 10-22 所示。

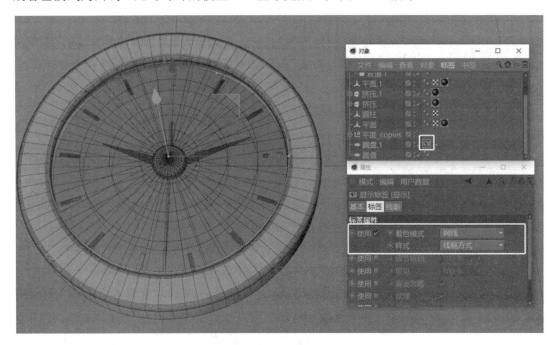

图 10-22　制作时钟的镜面

10.2　项目二：液晶显示器建模

液晶显示器效果图如图 10-23 所示。

图 10-23　显示器效果图

液晶显示器建模的操作步骤如下：

1. 导入参考图

(1) 新建场景，进入右视图，按键盘上的 Shift + V 组合键，进入视图窗口→背景→图像，导入液晶显示器侧面的图像，通过透明度调整图像的显示清晰度，如图 10-24 所示。

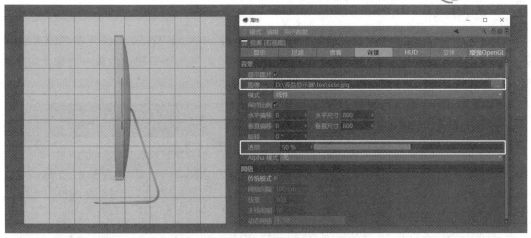

图 10-24 导入液晶显示器侧面图像

(2) 用同样的方法进入正视图，导入液晶显示器正面的图像，如图 10-25 所示。通过视图菜单→摄像机→背视图，可以导入显示器背面的图片，如图 10-26 所示。

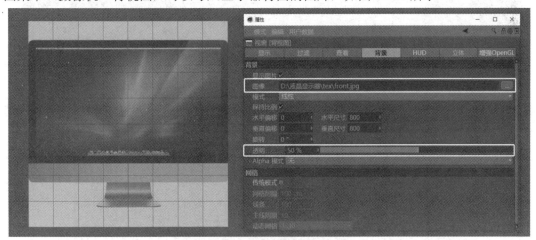

图 10-25 导入液晶显示器正面图像

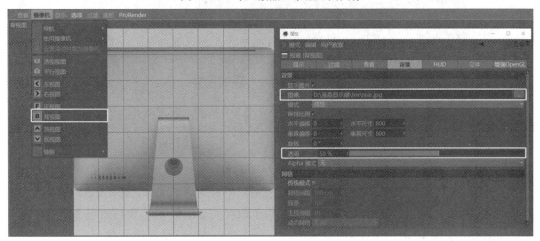

图 10-26 导入液晶显示器背面图像

2. 模型的制作

(1) 导入好参考图以后，可以开始制作模型。新建一个矩形样条，调整至参考图大小(为方便观看，进入视图窗口→过滤器，取消网格的显示)，进入矩形属性面板→对象，勾选圆角，设置合适的半径大小，如图 10-27 所示。

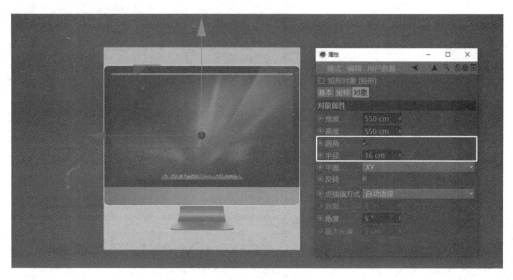

图 10-27　新建矩形样条

(2) 进入右视图，调整样条到机身前端的位置，复制样条，调至机身后端的位置，创建一个放样 NURBS，把两个样条拖入其子层级，如图 10-28 所示。

图 10-28　放样样条

(3) 机身的前半部分基本完成，现在我们来制作机身的后半部分，选择矩形 1，按住 Ctrl 键拖曳鼠标复制矩形 1 (复制出的矩形 2 仍然位于放样的子层级下)，调整矩形 2 至整个机身的后端位置，如图 10-29 所示。

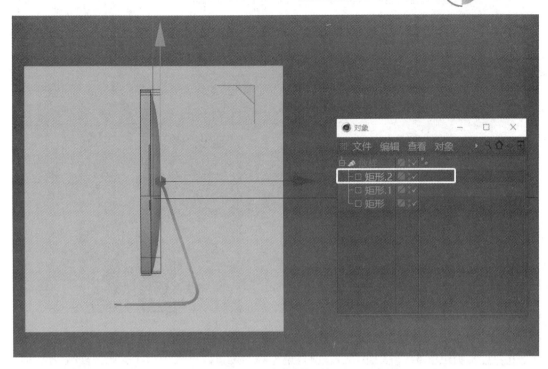

图 10-29 复制矩形

(4) 缩放矩形 2，进入矩形 2 属性面板→对象，调整高度和半径大小，如图 10-30 所示。

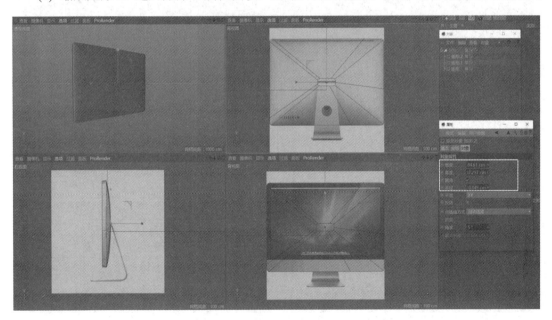

图 10-30 调整矩形高度和半径

(5) 用同样的方法，复制矩形 1，得到矩形 3，矩形 3 的作用如图 10-31 所示。

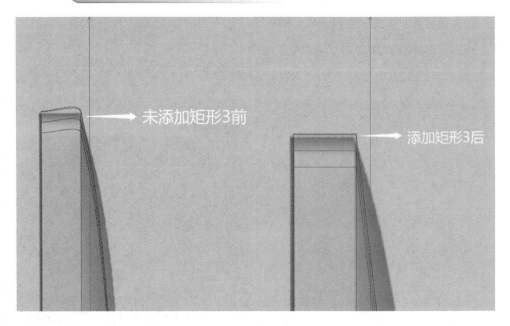

图 10-31　复制矩形(矩形 3)

(6) 再复制矩形 3，得到矩形 4，调整矩形 4 的位置，进入矩形 4 的属性面板→对象，调整高度和半径大小，如图 10-32 所示。

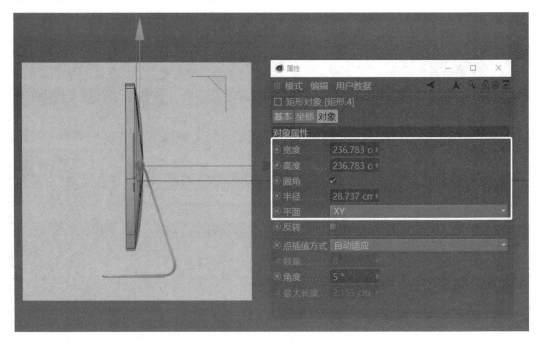

图 10-32　复制矩形(矩形 4)

(7) 选择放样，进入其属性面板→对象，调节网孔细分，控制模型的精度，如图 10-33 所示。

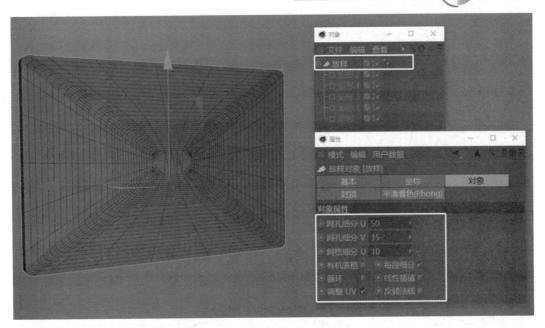

图 10-33　调节网孔细分

(8) 此时液晶显示器机身部分基本完成，下面我们来制作显示器的底座部分。同样通过绘制矩形样条，然后通过放样得到模型，矩形的形状可以依照参考图来调节(注意底座的圆角部分，需要多一些矩形来制作)，如图 10-34 所示。

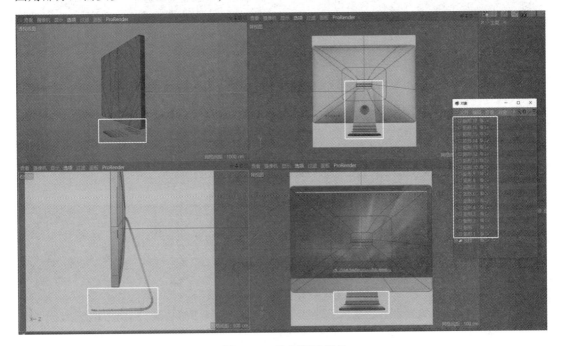

图 10-34　绘制矩形样条

(9) 新建一个放样，把所有的矩形拖入到其子层级中，单击放样后面的平滑标签，进入其属性面板→标签，勾选角度限制，如图 10-35 所示。

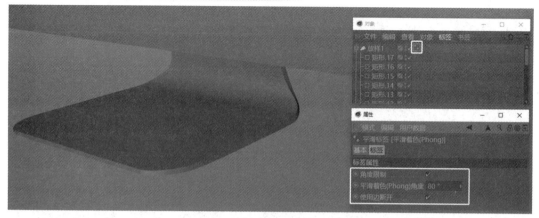

图 10-35　勾选角度限制

(10) 再新建一个圆柱，调整位置，增加选择分段，如图 10-36 所示。

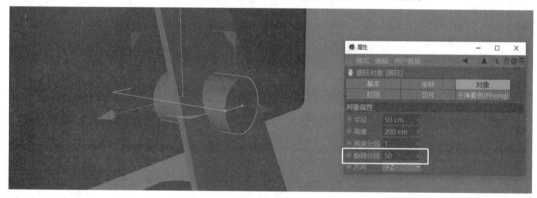

图 10-36　新建圆柱

(11) 创建一个布尔，把放样 1 和圆柱拖曳到它的子层级中(注意前后顺序)，如图 10-37 所示。

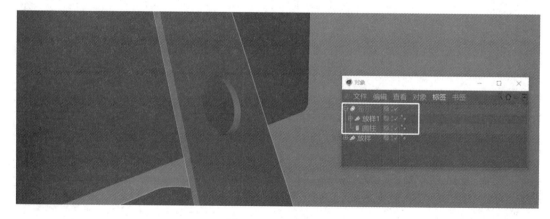

图 10-37　创建布尔

(12) 接着制作光驱和读卡器的接口部分，创建两个立方体，调节至接口部分的大小，再勾选圆角，如图 10-38 所示。

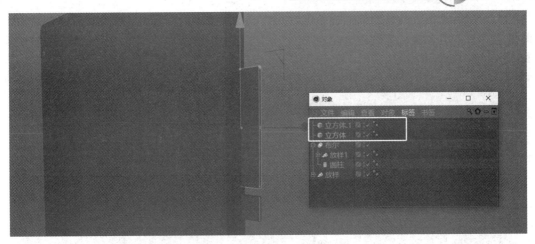

图 10-38　创建两个立方体

(13) 选中两个立方体，按住键盘上的 Alt + G 组合键组成一个组，再新建一个布尔 1，把放样和这个组拖曳到其子层级中去(完成以后修改布尔 1 的名称为 screen)，如图 10-39 所示。

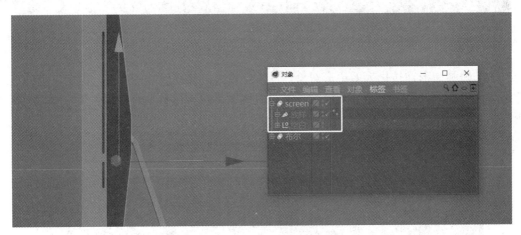

图 10-39　创建布尔

(14) 用同样的方法，给 screen 和立方体添加一个布尔 1，我们可以制作出散热风口(为方便操作，修改布尔 1 的名称为 screen1)，如图 10-40 所示。

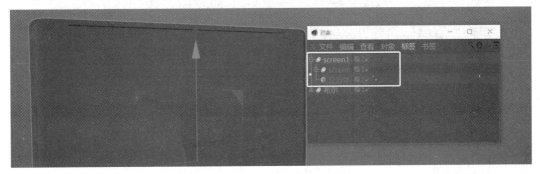

图 10-40　制作散热风口

(15) 接着制作液晶显示器的显示屏，找到放样层级下的矩形，先按 Ctrl + C 组合键，再按 Ctrl + V 组合键，复制出这个矩形，然后给这个矩形添加一个挤压，适当调整挤压的厚度，如图 10-41 所示。

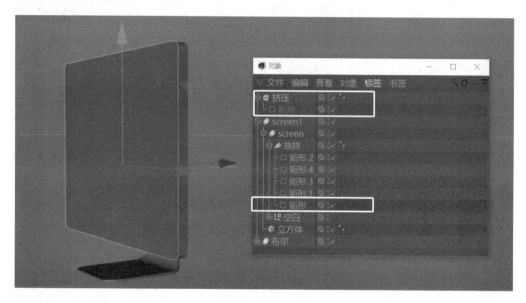

图 10-41　放样矩形

(16) 选择矩形，转化为多边形对象，进入点模式，选择低端的顶点，由于这里的点进行过圆角设置，我们需要通过缩放工具把它们挤平，然后调整至合适的位置，如图 10-42 所示。

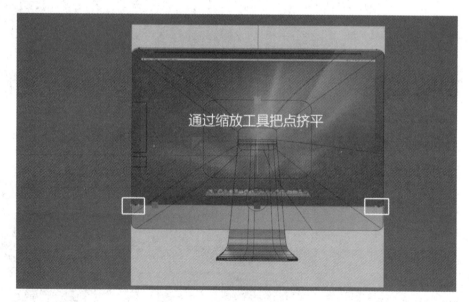

图 10-42　调整矩形的点

(17) 此时显示屏已基本完成，由于显示屏和机身部分重合，需要再复制一个显示屏(可以适当大一些，避免和机身全部重合)和 screen1 进行布尔运算，如图 10-43 所示。

图 10-43　复制显示屏

(18) 给显示屏添加一个基本的黑色材质，再新建一个平面，当作显示屏的内屏幕，最后得到一个比较完整的液晶显示器模型，如图 10-44 所示。

图 10-44　最终效果图

10.3　项目三：家具电商场景建模

家具电商场景建模效果图如图 10-45 所示。

图 10-45　家具电商场景模型效果图

1. 制作沙发

1) 制作沙发的侧背

(1) 新建一个立方体，尺寸为长 50 cm、宽 230 cm、高 200 cm、分段 X 为 3，分段 Y 为 6，分段 Z 为 4，其他参数不变，如图 10-46 所示。

图 10-46　新建立方体

(2) 按快捷键 C，把立方体转化为可编辑多边形，添加 FFD 变形器，把 FFD 变形器匹配到立方体上，选择 FFD 变形器，进入点模式，选择顶部的所有点，移动 X 轴，把立方体做成弯曲形状，如图 10-47 左边所示；再进一步调整顶部的点，把立方体调整成顶部细、底部宽的形状，如图 10-47 右边所示。

图 10-47　添加 FFD 变形器

(3) 按住 Ctrl 键和鼠标中键，单击对象窗口上的立方体，同时选择立方体和 FFD 变形器，右键选择"连接对象 + 删除"，形成新对象"立方体.1"，如图 10-48 所示。

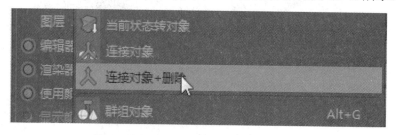

图 10-48　使用"连接对象 + 删除"命令

(4) 选择"立方体.1", 进入点模式, 依次选择内侧上排六个点, 使用插件 Easy Chesterfield 中的 Create Chesterfield 命令, 调整半径参数为 10, 制作沙发形状, 如图 10-49 所示。

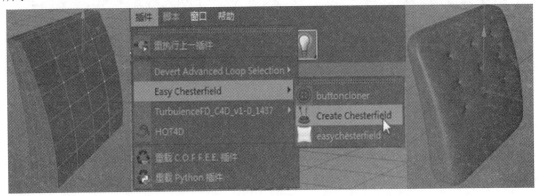

图 10-49 使用 Easy Chesterfield 插件

(5) 把对象窗口上的细分曲面重命名为"左靠背"。

2) 制作沙发的底座

(1) 新建一个立方体, 尺寸为长 604 cm、宽 190 cm、高 20 cm, 勾选圆角, 设置圆角半径为 5 cm, 其他参数不变, 并调整位置使其对齐左靠背右下方, 重命名为"底座", 如图 10-50 所示。

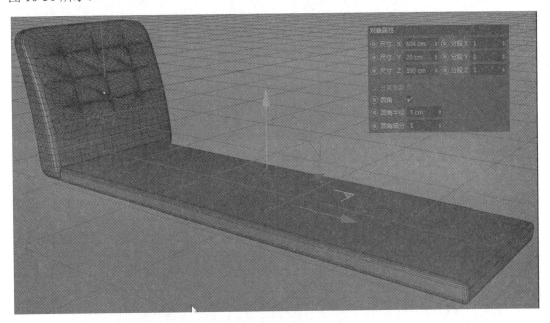

图 10-50 新建立方体

(2) 再新建一个立方体, 尺寸为长 200 cm、宽 190 cm、高 60 cm, 勾选圆角, 设置圆角半径为 10 cm, 其他参数不变, 并调整位置, 使其与底座左对齐放好, 如图 10-51 所示。

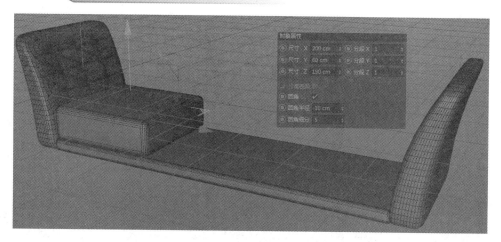

图 10-51　再次新建立方体

　　(3) 按住快捷键 Ctrl 键，移动立方体，复制出两个相同的立方体，并平铺在底座上面，全选对象窗口中的 3 个立方体，按快捷键 Alt + G，形成新组，命名新组为"坐垫"，如图 10-52 所示。

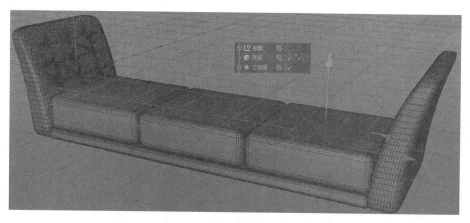

图 10-52　复制立方体

　　(4) 选择"左靠背"，按住快捷键 Ctrl 键，移动"左靠背"到底座的右边对齐，调整其缩放参数栏的 X 轴为-1，并命名为"右靠背"，如图 10-53 所示。

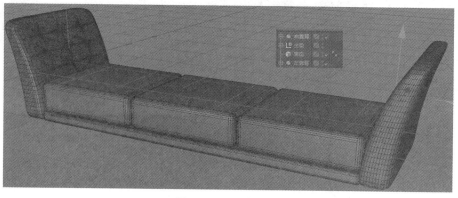

图 10-53　对齐底座

3) 制作沙发的后靠背

(1) 新建一个立方体，尺寸为长 210 cm、宽 35 cm、高 200 cm，分段 X 为 5，分段 Y 为 6，分段 Z 为 3，其他参数不变，并调整位置，使其与底座左对齐放好，如图 10-54 所示。

图 10-54　新建立方体

(2) 按快捷键 C，把立方体转化为可编辑多边形，添加 FFD 变形器，把 FFD 变形器匹配到立方体上，选择 FFD 变形器，进入点模式，选择顶部的所有点，移动 X 轴，把立方体做成弯曲形状，如图 10-55 所示。

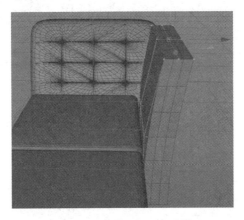

图 10-55　添加 FFD 变形器

(3) 按住 Ctrl 键和鼠标中键，点击对象窗口上的立方体，把立方体和 FFD 变形器一同选择，右键选择"连接对象 + 删除"，形成新对象"立方体.1"，如图 10-56 所示。

图 10-56　使用"连接对象 + 删除"命令

(4) 选择"立方体.1"，进入点模式，依次选择内侧上排 12 个点。使用插件 Easy Chesterfield 中的 Create Chesterfield 命令，调整半径参数为 10，制作沙发后靠背形状，如图 10-57 所示。

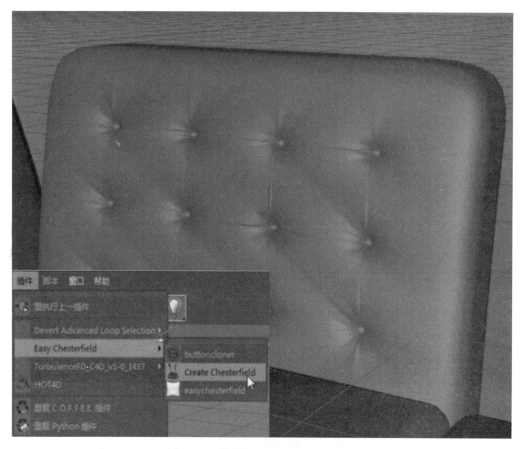

图 10-57　使用 Easy Chesterfield 命令

(5) 在正视图中，进入点模式，选择"立方体.1"最左边的点，使用移动工具进行调整，使之与沙发的左靠背缝合在一起，如图 10-58 所示。

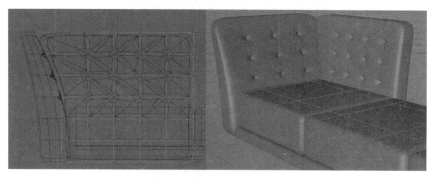

图 10-58　调整立方体

(6) 选择"立方体.1"，按住快捷键 Ctrl 键，移动"立方体.1"到底座的右边对齐，调整其缩放参数栏的 X 轴为-1，如图 10-59 所示。

图 10-59　对齐立方体

(7) 新建一个立方体，尺寸为长 200 cm、宽 35 cm、高 200 cm，分段 X 为 5，分段 Y 为 6，分段 Z 为 3，其他参数不变，并放在底座正后方，调整好位置，如图 10-60 所示。

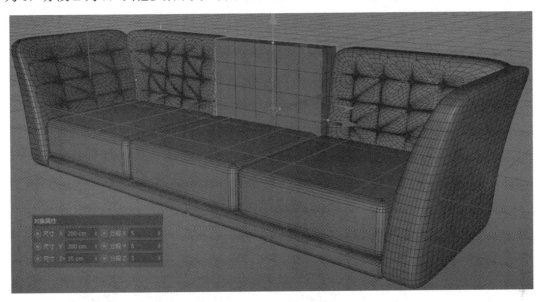

图 10-60　新建立方体

(8) 按快捷键 C，把立方体转化为可编辑多边形，添加 FFD 变形器，把 FFD 变形器匹配到立方体上，选择 FFD 变形器，进入点模式，选择顶部的所有点，移动 X 轴，把立方体做成弯曲形状；按住 Ctrl 键和鼠标中键，点击对象窗口上的立方体，把立方体和 FFD 变形器一同选择，右键选择"连接对象+删除"，形成新对象"立方体.1"；选择"立方体.1"，进入点模式，依次选择内侧上排 12 个点。使用插件 Easy Chesterfield 中的 Create Chesterfield 命令，调整半径参数为 10，制作沙发形状，最终效果图如图 10-61 所示。

图 10-61 沙发最终效果图

(9) 全部选择沙发后背的 3 个细分曲面组，按快捷键 Alt + G，形成新组，命名新组为"后背"；然后选择对象窗口的所有对象，按快捷键 Alt + G，形成新组，命名新组为"沙发"。

4) 制作沙发的枕头

(1) 新建一个立方体，尺寸为长 150 cm、宽 150 cm、高 60 cm，分段 X 为 40，分段 Y 为 1，分段 Z 为 40，其他参数不变，如图 10-62 所示。

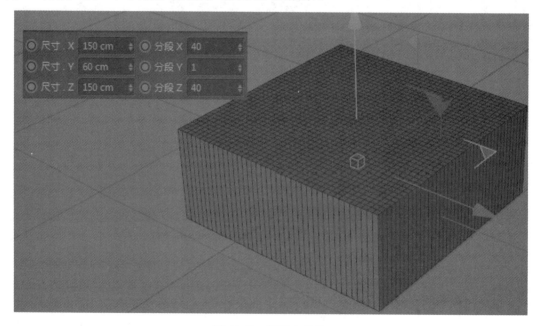

图 10-62 新建立方体

(2) 按快捷键 C，把立方体转化成可编辑对象，进入点模式，按快捷键 Ctrl + A，选择所有的点，按右键选择"优化"命令(快捷键 U + O)，优化立方体，如图 10-63 所示。

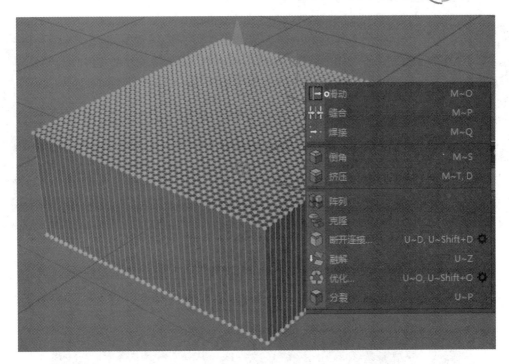

图 10-63 优化立方体

(3) 进入面模式,按快捷键 U + B,环状选择立方体的垂直循环面,在对象窗口中,选择立方体,再单击右键选择模拟标签→布料,如图 10-64 所示。

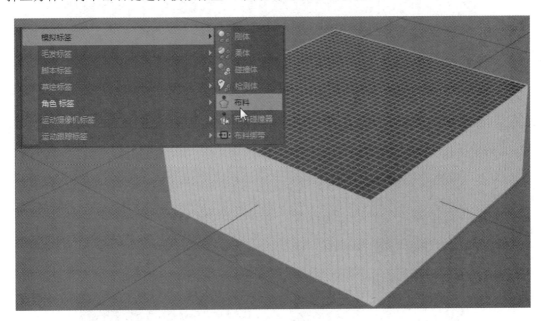

图 10-64 使用布料标签

(4) 调整布料修整面板的参数,设置宽度为 0,点击缝合面的设置按钮,再点击"收缩"按钮,制作出枕头形状,如图 10-65 所示。

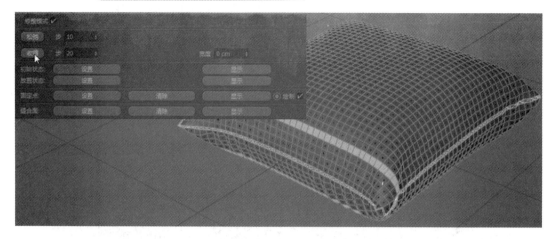

图 10-65　使用收缩命令

（5）现在制作出的枕头比较粗糙，可以选择立方体，为其添加细分曲面命令，让枕头做得光滑一点，在对象窗口中重命名细分曲面为"枕头"，如图 10-66 所示。

图 10-66　添加细分曲面命令

（6）选择"枕头"，打开移动工具，按住快捷键 Ctrl 键，复制出另外两个枕头，在调整其位置和角度后再将其放好，如图 10-67 所示。

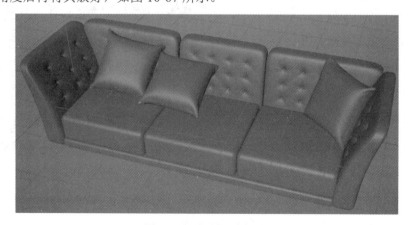

图 10-67　复制两个枕头

5) 制作沙发的脚

(1) 使用画笔工具，在正视图中，画出如图 10-68 左边所示的曲线，对曲线使用旋转命令，制作出沙发脚的形状，如图 10-68 右边所示。

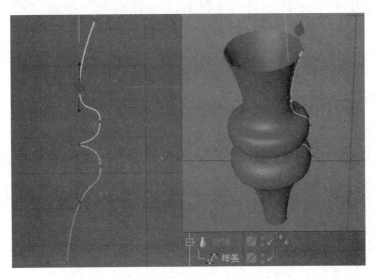

图 10-68 对曲线使用旋转命令

(2) 在对象窗口中选择旋转命令和样条线，右键选择"连接对象＋删除"，形成新对象"旋转.1"，如图 10-69 所示。

图 10-69 使用"连接对象＋删除"命令

(3) 旋转对象"旋转.1"，使用移动工具，放到沙发的正左下方，然后按住 Ctrl 键，复制 3 个，分别放置在沙发的另外 3 个角落下，最终效果如图 10-70 所示。

图 10-70 复制沙发脚

(4) 在对象窗口中全部选择 4 个选择对象，按快捷键 Alt ＋ G，形成新组，命名新组为"脚"，并把组移到沙发组内。

2. 制作花瓶

(1) 新建样条线，画出下图中的曲线形状，选择所有点，在右键菜单中选择"创建轮廓"命令，往外拖动鼠标，形成轮廓，调整顶部的两个点水平对齐，最终效果如图 10-71

所示。

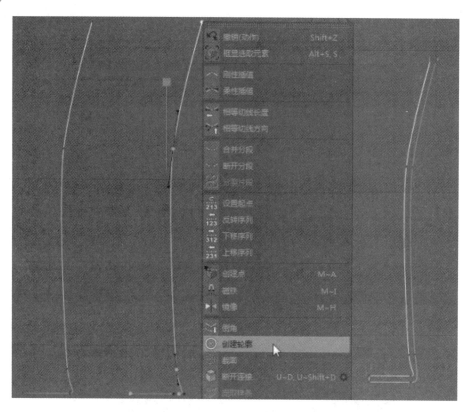

图 10-71   对样条线创建轮廓

(2) 对样条线使用"旋转"命令，调整旋转的轴坐标位置，做出如图 10-72 所示的花瓶形状。

图 10-72   使用旋转命令

（3）选择"窗口"→"内容浏览器"，打开内容浏览器，选择预置→Visualize →Plants→Garden&Exotic，选择右边库素材窗口中的 Roses→Branch，按住鼠标左键拖到视图中，调整其大小和位置，放在花瓶上，最终效果如图 10-73 所示。

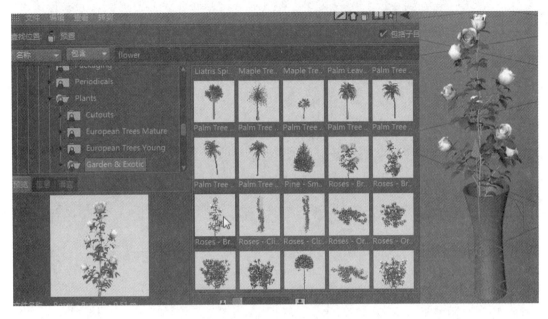

图 10-73　使用内容浏览器素材

（4）在对象窗口中全部选择花和花瓶，按快捷键 Alt＋G，形成新组，命名新组为"花瓶"。

3. 制作地毯

（1）新建平面，设置其宽度为 400 cm、高度为 200 cm、宽度分段为 100、高度分段为 100，如图 10-74 所示。

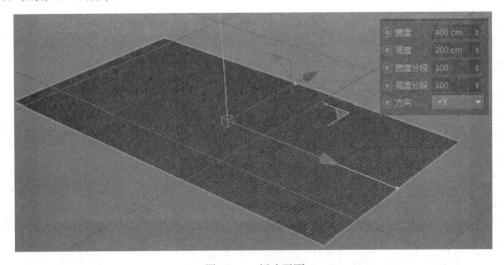

图 10-74　新建平面

（2）为平面添加毛发，选择对象窗口中的平面，按快捷键 C，把其转化为可编辑对象，然后选择菜单模拟→毛发对象→添加毛发，在对象窗口中把平面拖到毛发下面作为子对象，如图 10-75 所示。

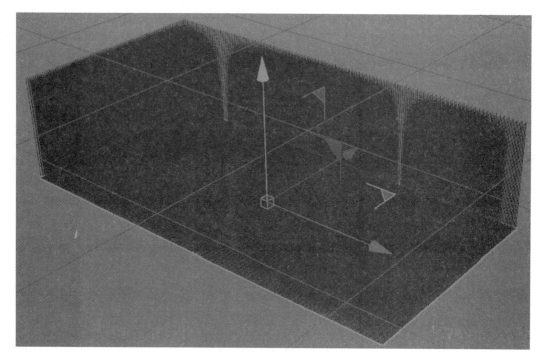

图 10-75　使用添加毛发命令

（3）点击毛发参数窗口的"引导线"页面，设置发根数量为 2000、分段数为 8、长度为 10 cm；点击"毛发"页面，设置毛发数量为 15 000，分段数为 12；然后点击平面，在基本属性窗口中，关闭渲染器可见；最后在对象窗口中把毛发重命名为"地毯"，最终效果图如图 10-76 所示。

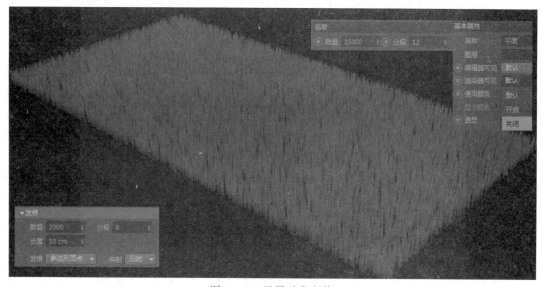

图 10-76　设置毛发参数

4. 制作吊灯

(1) 新建一个圆柱，在对象属性中设置半径为 2 cm、高度为 380 cm、高度分段数为 1、旋转分段数为 24，其他参数不变，并移动到沙发上部合适位置；按住快捷键 Ctrl，水平移动圆柱，复制出"圆柱.1"，摆到适当位置，如图 10-77 所示。

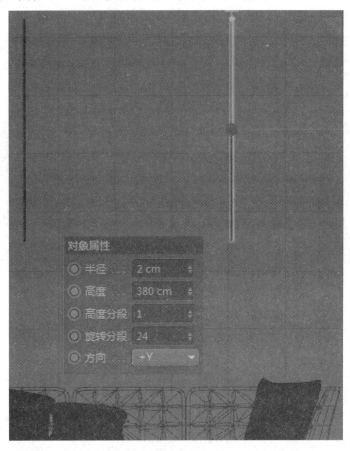

图 10-77 新建圆柱

(2) 新建一个油桶，在对象属性中设置半径为 10 cm、高度为 500 cm、旋转分段数为 24，其他参数不变，并移动到两根圆柱体的正下方，如图 10-78 所示。

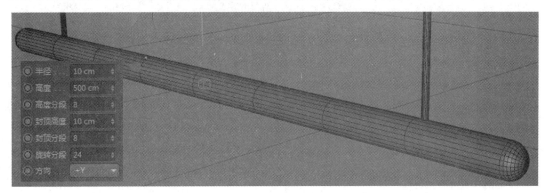

图 10-78 新建油桶

(3) 新建一个圆柱，在对象属性中设置半径为 25 cm、高度为 75 cm、旋转分段数为 24，其他参数不变，按快捷键 C 把该圆柱转化为可编辑对象；进入面模式，选择所有的面，按快捷键 U + O，优化圆柱体；然后选择顶部的所有面，右键在菜单上选择"倒角"(快捷键为 M + S)，设置倒角细分数为 3，按照鼠标左键偏移 3.8 cm，做出倒角效果，如图 10-79 所示。

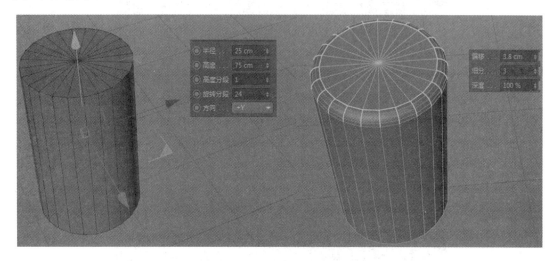

图 10-79　对圆柱使用倒角命令

(4) 选择下面的所有面，右键鼠标菜单中选择"内部挤压"(快捷键为 I)，再选择"挤出"(快捷键为 D)，挤出灯罩下体，然后对灯罩下体的边缘进行倒角处理，使之更圆滑些，最终效果图如图 10-80 所示。

图 10-80　挤出灯罩下体

(5) 选择已经做好的灯罩，按住 Ctrl 键，往右拖到鼠标，复制另外两个灯罩，并放好位置，如图 10-81 所示。

图 10-81 复制灯罩

(6) 选择所有吊灯配件，按快捷键 Alt + G，将其组合成一个组，并把组命名为"吊灯"。

5. 制作室内装饰

(1) 新建管道，设置内部半径为 40 cm、外部半径为 65 cm、高度为 30 cm，其他参数不变，调整角度为竖放；选择管道，按快捷键 C，把管道转化为可编辑对象；进入边模式，选择所有边，按快捷键 U + O，优化管道；然后选择管道内外四圈边，做倒角处理，如图 10-82 所示。

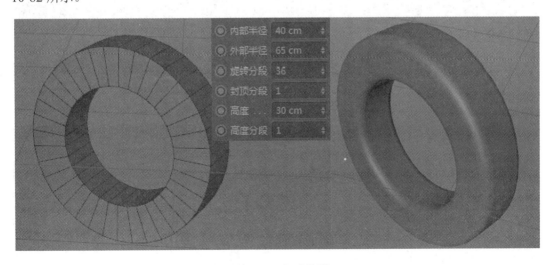

图 10-82 新建管道

(2) 新建球体，设置其半径大小为 30 cm，放在管道的圈内，如图 10-83 所示。

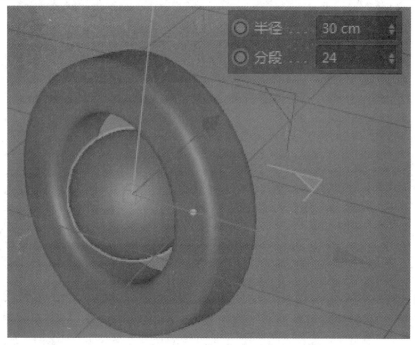

图 10-83　新建球体

(3) 新建一个圆柱，在对象属性中设置半径为 100 cm、高度为 200 cm，其他参数不变，按快捷键 C 把该圆柱转化为可编辑对象，进入面模式，选择所有的面，按快捷键 U + O，优化圆柱体，然后选择圆柱中间的所有面，右键选择"内部挤压"命令(快捷键为 I)，把选修窗口中的"保持群组"勾选去掉，拖动鼠标往右偏移 2.5 cm；右键选择"挤出"命令(快捷键为 D)，把面往内部挤出-5.7 cm，如图 10-84 所示。

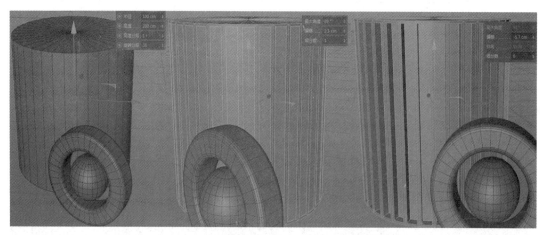

图 10-84　挤出圆柱

(4) 为圆柱添加倒角变形器，并设置倒角变形器的偏移值为 1 cm、细分值为 2，如图 10-85 所示。

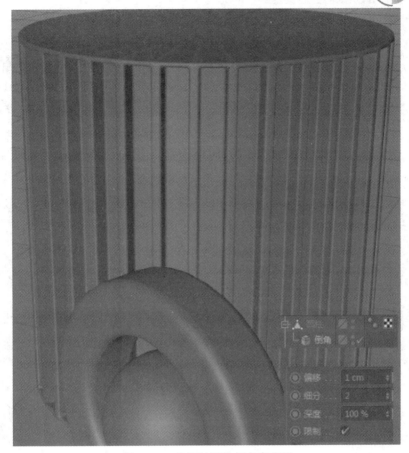

图 10-85 为圆柱添加倒角变形器

(5) 再次新建管道，设置内部半径为 80 cm、部半径为 100 cm、高度为 20 cm，其他参数不变，调整角度为竖放；选择管道，按快捷键 C，把管道转化为可编辑对象；进入边模式，选择所有边，按快捷键 U + O，优化管道；然后选择管道内外四圈边，做倒角处理，如图 10-86 所示。

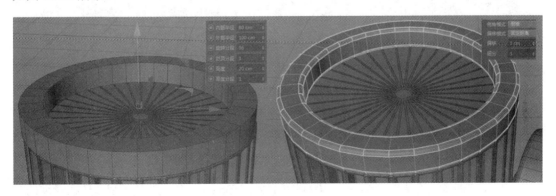

图 10-86 再次新建管道

(6) 选择管道，按住快捷键 Alt，垂直拖动管道，复制出"管道.2"，放到圆桶的正下方，如图 10-87 所示。

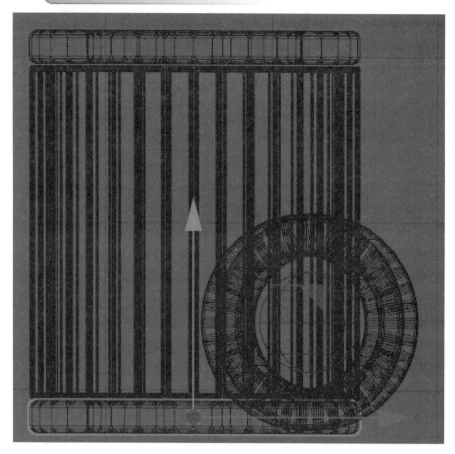

图 10-87　复制"管道 2"

(7) 新建圆柱，设置半径为 80 cm、高度为 20 cm，其他参数不变；按快捷键 C，把圆柱转化为可编辑对象；进入边模式，选择所有边，按快捷键 U＋O，优化圆柱；然后选择管道是上下两层外圈边，做倒角处理，设置倒角，如图 10-88 所示。

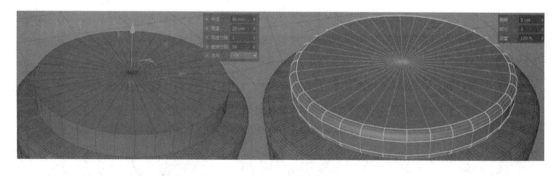

图 10-88　新建圆柱

(8) 新建圆锥，设置底部半径为 60 cm、高度为 100 cm，其他参数不变，放在管道的正上方，把室内装饰的所有部件都选上，按快捷键 Alt＋G 成组，重命名组为"装饰品"，如图 10-89 所示。

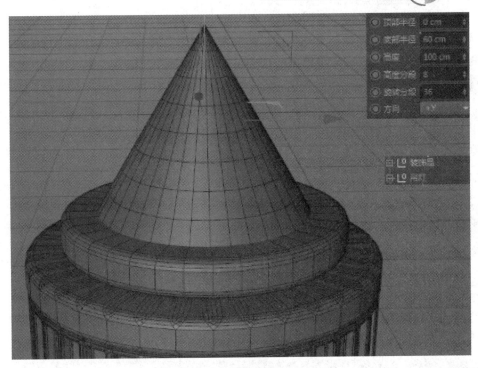

图 10-89　新建圆锥

6. 制作墙壁和楼梯

(1) 新建立方体，设置长为 600 cm、宽为 25 cm、高为 1000 cm，放在花瓶的后面；按住 Ctrl 键，向右移动复制出"立方体.1"，设置长为 1200 cm、宽为 25 cm、高为 1000 cm，并与立方体相隔一定位置，如图 10-90 所示。

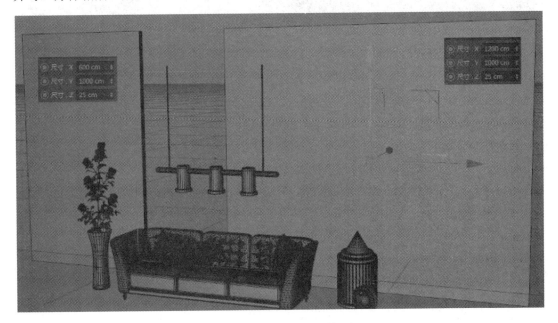

图 10-90　新建立方体

(2) 新建立方体，设置长为 390 cm、宽为 20 cm、高为 100 cm；按住快捷键 C 把立方体转为可编辑对象，按住快捷键 M＋L，插入循环边，然后选择立方体后上方的面，按住快捷键 D，拖到鼠标垂直向后挤出 80 cm，如图 10-91 所示。

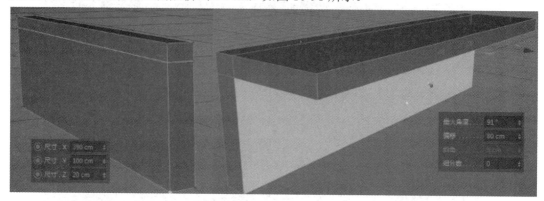

图 10-91　新建立方体

(3) 点击菜单运动图形→克隆，为立方体添加克隆命令，在克隆的对象属性窗口中，设置模式为"线性"、数量为 10、位置.Y 为 85 cm、位置.Z 为 100 cm，其他参数不变，把克隆重命名为"楼梯"，如图 10-92 所示。

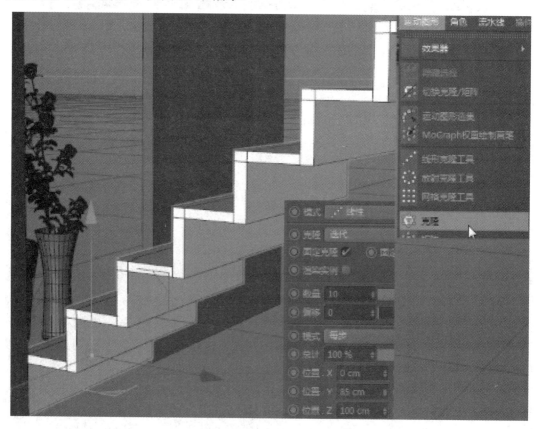

图 10-92　克隆立方体

(4) 选择花瓶后面的立方体背景墙，同时按住快捷键 Ctrl 和 Shift，按 90°复制并旋转出"立方体.2"，设置尺寸.X 为 600 cm、尺寸.Y 为 1000 cm、尺寸.Z 为 25 cm，并与背景墙垂直右对齐，使之刚好紧靠在楼梯左侧，如图 10-93 所示。

图 10-93　复制背景墙

(5) 选择"立方体.2"，按住快捷键 Ctrl，拖到 X 轴，复制出"立方体.3"，并与沙发后面的背景墙垂直左对齐，使之刚好紧靠在楼梯右侧，如图 10-94 所示。

图 10-94　再次复制背景墙

6. 制作沙发背景墙的拱门效果

(1)新建矩形，按快捷键 C 把矩形转化为可编辑样条线，进入点模式，选择顶部两个顶点，右键选择倒角，把顶部两个点调至重合，做出如图 10-95 左侧所示的图形；然后为矩形添加挤压，设置挤压对象属性窗口中移动 Z 方向为 50 cm，如图 10-95 右侧所示。

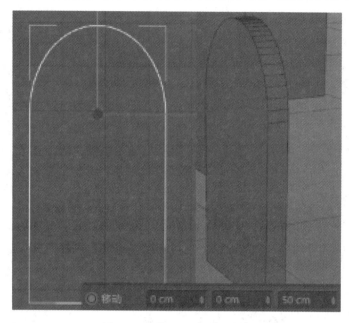

图 10-95　挤压出背景墙拱门

(2) 在对象管理窗口中选择挤压对象的所有组件，右键选择"连接对象＋删除"，把挤压对象转化为可编辑对象；把该对象放置在沙发后面的背景墙中，并确保穿过背景墙，如图 10-96 所示。

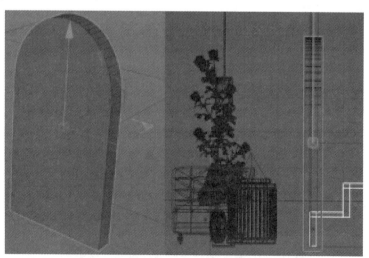

图 10-96　编辑背景墙拱门

(3) 点击打开菜单下工具栏的对象组，选择"布尔对象"，把背景墙和挤压后的可编辑对象拖到布尔对象下，背景墙在上面，挤压对象在下面，设置布尔对象属性窗口中布尔类型为：A 减 B，效果如图 10-97 所示。

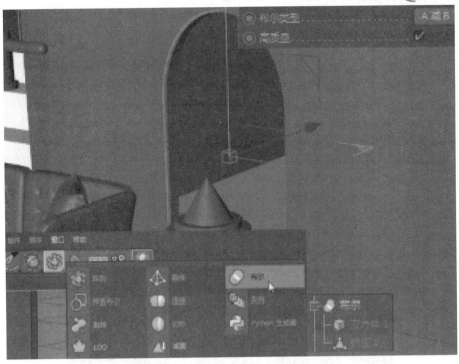

图 10-97 使用布尔对象命令

(4) 下面制作拱门内的门帘，把视图切换到顶视图，使用画笔工具，设置画笔类型为线性，在拱门正中间画出一条直线，按快捷键 U + S，细分直线，细分值为 16；从左到右依次选择偶数点后，垂直下拉这些点，让线条形成锯齿状，然后针对所选的点，右键选择柔性插值，做出门帘形状，如图 10-98 所示。

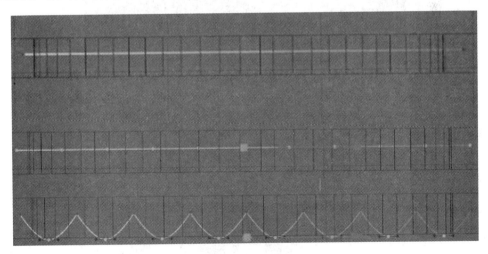

图 10-98 细分直线

(5) 为样条线添加挤压对象，设置挤压对象属性窗口中移动的 Y 轴参数值为 550 cm，做出门帘立体效果，并重命名为"门帘"，最后把门帘和背景墙的所有部件选上，按快捷键 Alt + G 组合成组，重命名组为"背景墙"，如图 10-99 所示。

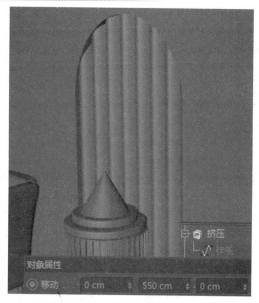

图 10-99   为样条线添加挤压对象

至此，家具电商场景模型已经全部完成，最终效果图如图 10-100 所示。

图 10-100   家具电商场景最终效果图

课后练习

1. 运用所学知识，制作如图 10-101 所示的轮胎模型。

图 10-101   轮胎模型

2. 运用所学知识，制作如图 10-102 所示的厨具模型。

3. 运用所学知识，制作如图 10-103 所示的跑步机模型。

图 10-102　厨具模型　　　　　　　　图 10-103　跑步机模型

4. 运用所学知识，制作如图 10-104 所示的室外场景模型。

图 10-104　室外场景模型

5. 运用所学知识，制作如图 10-105 所示的室内场景模型。

图 10-105　室内场景模型

参 考 文 献

[1] 任媛媛. 中文版 Cinema 4D R21 完全自学教程[M]. 北京：人民邮电出版社，2021.

[2] 唯美世界，曹茂鹏. 中文版 Cinema 4D R21 从入门到精通[M]. 北京：中国水利水电出版社，2021.

[3] 宋夏成. 黄辉荣，黄立婷. 中文版 CINEMA 4D R20 实战基础教程[M]. 北京：人民邮电出版社，2021.

[4] 张优优. 零基础学 Cinema 4D R20 三维视觉设计[M]. 北京：人民邮电出版社，2021.

[5] 李辉. CINEMA 4D R20 完全实战技术手册[M]. 北京：清华大学出版社，2021.